工程质量提升与管理创新系列丛书

·建筑与市政工程施工现场专业人员能力提升培训教材·

装配式建筑工程管理（施工员、质量员适用）

中国建筑业协会　组织编写

南通联泷装配式建筑科技有限公司　主　　编

中国建筑工业出版社

图书在版编目（CIP）数据

装配式建筑工程管理 ：施工员、质量员适用 / 中国建筑业协会组织编写 ；南通联泷装配式建筑科技有限公司主编. -- 北京 ：中国建筑工业出版社，2025. 5.
（工程质量提升与管理创新系列丛书）（建筑与市政工程施工现场专业人员能力提升培训教材）. -- ISBN 978-7-112-31092-0

Ⅰ. TU712.1

中国国家版本馆CIP数据核字第2025LQ5804号

本书围绕装配式混凝土建筑工程，结合当前行业标准规范、工程实践经验及该领域未来发展态势，全面、系统地总结了装配式混凝土建筑施工员、质量员的素养及技能培训内容。全书共分为3篇，即基础篇、提升篇、创新篇，内容完整、层次分明、重点突出，为提升装配式混凝土建筑施工员、质量员的素养及技能水平提供了基础。

本书全面介绍了装配式混凝土建筑工程施工控制及质量安全知识，重点突出了相关专业领域的重难点问题及其解决措施，适当拓展了材料、产品及工艺层面的创新技术，知识体系清晰、完整，内容丰富、重点突出、图文并茂，可供装配式混凝土建筑工程从业人员（施工员、质量员）的培训使用，也可作为土木工程专业的学生教材或教学参考书。

丛书策划：高延伟　李　杰　葛又畅
责任编辑：赵云波
责任校对：赵　菲

工程质量提升与管理创新系列丛书
·建筑与市政工程施工现场专业人员能力提升培训教材·

装配式建筑工程管理
（施工员、质量员适用）

中国建筑业协会　组织编写
南通联泷装配式建筑科技有限公司　主　　编

*

中国建筑工业出版社出版、发行（北京海淀三里河路9号）
各地新华书店、建筑书店经销
北京鸿文瀚海文化传媒有限公司制版
鸿博睿特(天津)印刷科技有限公司印刷

*

开本：787毫米×1092毫米　1/16　印张：$10\frac{1}{2}$　字数：205千字
2025年5月第一版　　2025年5月第一次印刷
定价：**45.00**元

ISBN 978-7-112-31092-0
（43043）

如有内容及印装质量问题，请与本社读者服务中心联系
电话：（010）58337283　QQ：2885381756
（地址：北京海淀三里河路9号中国建筑工业出版社604室　邮政编码：100037）

丛书指导委员会

丛书编委会

本书编委会

出版说明

建筑与市政工程施工现场专业人员（以下简称施工现场专业人员）是工程建设项目现场技术和管理关键岗位的重要专业技术人员，其人员素质和能力直接影响工程质量和安全生产，是保障工程安全和质量的重要因素。为进一步完善施工现场专业人员能力体系，提高工程施工效率，切实保证工程质量，中国建筑业协会、中国建筑工业出版社联合组织行业龙头企业、地方学协会等共同编写了本套丛书，按岗位编写，共18个分册。为了高质量编写好本套丛书，成立了编写委员会，从2022年8月启动，先后组织了四次编写和审定会议，大家集思广益，几易其稿，力争内容适度，技术新颖，观点明确，符合施工现场专业技术人员能力提升需要。

各分册包括基础篇、提升篇和创新篇等内容。其中，基础篇介绍了岗位人员基本素养及工作流程，描述了本岗位应知、应会的知识；提升篇聚焦工作中常见的、易忽略的重（难）点问题，提出了前置防范措施和问题发生后的解决方案，实际指导施工现场工作；创新篇围绕工业化、数字化、绿色化等行业发展方向，展示了本岗位领域较为成熟、经济适用且推广价值高的创新应用。整套教材突出实用性和适用性，力求反映施工一线对施工现场专业人员的能力要求。在编写和出版形式上，对重要的知识难点或核心知识点，采用图文并茂的方式来呈现，方便读者学习和阅读，提高本套丛书的可读性和趣味性。

期望本套丛书的出版，能促进从业人员能力素质提升，助力住房和城乡建设事业实现高质量发展。编写过程中，难免有不足之处，敬请各培训机构、教师和广大学员，多提宝贵意见，以便进一步修订完善。

随着工业4.0时代的到来，我国建筑行业为顺应发展形势，亟待产业转型升级，实现高质量、可持续发展。装配式混凝土建筑的推广应用，可促进建筑行业全产业链的根本变革与深度融合，促进建筑行业整体技术水平提升，由劳动密集型行业向知识、技能密集型行业转变，同时，其环境友好性也对我国实现“双碳”目标有所裨益。

装配式混凝土建筑以“标准化设计、工厂化生产、装配化施工、一体化装修、信息化管理、智能化应用”为基本特征，技术发展日新月异，对扎根于或适应于传统现浇混凝土建筑的施工员、质量员人才队伍的素质能力提出了较大挑战。本书正是为了适应当前行业发展现状，面向装配式混凝土建筑施工员、质量员的人才培养需求而组织编写的。

本书内容组织架构设计时，力求全面覆盖工程施工控制及质量安全的基本知识，重点突出工程施工工艺及质量控制难点，适当拓展工程创新，以篇章的目录形式组织内容，沿用了相关标准规范的规定，引用了工程实践成功经验及案例，介绍了行业先进创新，以便为读者提供全面、系统、新颖的知识及技能内容。

本书由南通联泷装配式建筑科技有限公司董年才研究员级高级工程师担任主编，南京工业大学朱张峰副教授、华鼎建筑装饰工程有限公司刘凌峰高级工程师、中建八局第一建设有限公司刘益安高级工程师、江苏纳盛建设工程有限公司汪光伟工程师、南京大地建设集团有限责任公司诸国政高级工程师、苏州嘉盛万城建筑工业有限公司史瑞东助理工程师、中国建筑装饰集团有限公司朱融工程师、中国建筑第二工程局有限公司张雷高级工程师共同参与编写，编写人员均长期从事装配式建筑领域的教学、科研与实践工作，覆盖普通本科及应用型本科教研范围。具体编写分工为：第1章由朱张峰编写，第2章由董年才、汪光伟、朱张峰编写，第3章由诸国政编写，第4章由刘益安编写，第5章由刘凌峰、朱融编写，第6章由史瑞东、张雷编写，第7章由朱张峰、刘凌峰编写，第8章由诸国政编写，全书由董年才和朱张峰统稿。

本书编写过程中得到了江苏中南建筑产业集团有限责任公司、南通联泷装配式建筑科技有限公司、龙信建设集团有限公司、南京大地建设集团有限责任公司、南京工业大学等提供的应用工程技术资料，在此深表谢意。

本书的出版，希望能为建筑业新形势下装配式混凝土建筑工程施工员、质量员的人才培养提供有力支撑。但由于时间和水平原因，书中难免存在不足之处，恳请读者批评指正。

编 者

2024年12月

基础篇

提升篇

创新篇

基础篇

第1章　基本素养

装配式建筑施工员、质量员在装配式建筑施工过程中承担着技术、质量、安全、施工组织等管理职责，贯穿施工全过程，包括施工准备、组织实施、过程管理、竣工验收等相关工作，其能力的大小和管理水平的高低，直接影响工程的质量优劣。

装配式建筑施工员担负着装配式建筑施工各项技术和管理工作，在整个施工管理过程中，从事施工方案、施工进度计划、施工预算、材料及机具计划的编制，技术交底、技术措施及安全文明施工措施、环保卫生措施的制定，新技术、新材料、新工艺、新设备的推广，施工过程检查及验收，合理安排、科学组织施工作业劳动力的调配，做好经济核算、降低成本，实现项目工程质量、工期以及经济效益等各项经济技术指标。

装配式建筑质量员是工程施工质量标准的把关和验收者，其业务水平和工作能力对工程质量有着直接的影响。质量员在建筑工程施工现场从事施工质量策划、过程控制、检查、监督和验收等工作。

一名合格的施工员、质量员必须熟悉自己的工作职责，具备一定的专业技能和专业知识，具有良好的职业素养和道德水准，具备工作的主动性和责任心，吃苦耐劳，才能顺利完成项目全过程的管理、控制工作。

1.1　专业岗位要求

1.1.1　工作职责

1. 施工员

施工员作为工程管理的关键性人物，一方面要履行施工现场行政管理与控制职能，协调管理各分包单位和施工班组；另一方面又要对自己负责的施工范围直接进行组织和实施。施工员的工作职责见表1–1–1。

施工员的工作职责 表 1-1-1

项次	分类	主要工作职责
1	施工组织策划	（1）参与施工组织管理策划。 （2）参与制定施工管理制度
2	施工技术管理	（3）参与图纸会审、技术核定。 （4）负责施工作业班组的技术交底。 （5）负责组织测量放线、参与技术复核
3	施工进度成本控制	（6）参与制定并调整施工进度计划、施工资源需求计划，编制施工作业计划。 （7）参与施工现场组织协调工作，合理调配生产资源，落实施工作业计划。 （8）参与现场经济技术签证、成本控制及成本核算。 （9）负责施工平面布置的动态管理
4	质量安全环境管理	（10）参与质量、环境与职业健康安全的预控。 （11）负责施工作业的质量、环境与职业健康安全过程控制，参与隐蔽、分项、分部和单位工程的质量验收。 （12）参与质量、环境与职业健康安全问题的调查，提出整改措施，并监督落实
5	施工信息资料管理	（13）负责编写施工日志、施工记录等相关施工资料。 （14）负责汇总、整理和移交施工资料

2. 质量员

质量员作为施工的直接管理者，一方面具有行政管理职能，需要管理作业班组，另一方面又是技术质量管理人员，从事施工全过程的质量管理和验收工作。质量员的工作职责见表1-1-2。

质量员的工作职责 表 1-1-2

项次	分类	主要工作职责
1	质量计划准备	（1）参与施工质量策划。 （2）参与制定质量管理制度
2	材料质量控制	（3）参与材料、设备的采购。 （4）负责核查进场材料、设备的质量保证资料，监督进场材料的抽样复验。 （5）负责监督、跟踪施工试验，负责计量器具的符合性审查
3	工序质量控制	（6）参与施工图纸会审和施工方案审查。 （7）参与制定工序质量控制措施。 （8）负责工序质量检查和关键工序、特殊工序的旁站检查，参与交接检验、隐蔽验收、技术复核。 （9）负责检验批和分项工程的质量验收、评定，参与分部工程和单位工程的质量验收、评定
4	质量问题处置	（10）参与制定质量通病预防和纠正措施。 （11）负责监督质量缺陷的处理。 （12）参与质量事故的调查、分析和处理
5	质量资料管理	（13）负责质量检查的记录，编制质量资料。 （14）负责汇总、整理、移交质量资料

1.1.2 专业能力

1. 施工员

施工员应具备的专业技能见表1–1–3。

施工员应具备的专业技能 表1–1–3

项次	分类	专业技能
1	施工组织策划	（1）能够参与编制施工组织设计和专项施工方案
2	施工技术管理	（2）能够识读施工图和其他工程设计、施工等文件。 （3）能够编写技术交底文件并实施技术交底。 （4）能够正确使用测量仪器进行施工测量
3	施工进度成本控制	（5）能够正确划分施工区段，合理确定施工顺序。 （6）能够进行资源平衡计算，参与编制施工进度计划及资源需求计划，控制调整计划。 （7）能够进行工程量计算及初步的工程计价
4	质量安全环境管理	（8）能够确定施工质量控制点，参与编制质量控制文件，实施质量交底。 （9）能够确定施工安全防范重点，参与编制职业健康安全与环境技术文件，实施安全和环境交底。 （10）能够识别、分析、处理施工质量缺陷和危险源。 （11）能够参与施工质量、职业健康安全与环境问题的调查分析
5	施工信息资料管理	（12）能够记录施工情况，编制相关工程技术资料。 （13）能够利用专业软件对工程信息资料进行处理

施工员应具备的专业知识见表1–1–4。

施工员应具备的专业知识 表1–1–4

项次	分类	专业知识
1	通用知识	（1）熟悉国家工程建设相关法律法规。 （2）熟悉工程材料的基本知识。 （3）掌握施工图识读、绘制的基本知识。 （4）熟悉工程施工工艺和方法。 （5）熟悉工程项目管理的基本知识
2	基础知识	（6）熟悉相关专业的力学知识。 （7）熟悉建筑构造、建筑结构和建筑设备的基本知识。 （8）熟悉装配式建筑材料基础知识，装配式建筑构造、结构和设备基础知识。 （9）掌握装配式建筑工程施工工艺和方法的基础知识。 （10）熟悉工程预算的基本知识。 （11）掌握计算机和相关资料信息管理软件的应用知识。 （12）熟悉施工测量的基本知识。 （13）掌握预制构件施工测量的基础知识

续表

项次	分类	专业知识
3	岗位知识	(14) 熟悉与本岗位相关的标准和管理规定。 (15) 掌握施工组织设计及专项施工方案的内容和编制方法。 (16) 掌握施工进度计划的编制方法。 (17) 熟悉环境与职业健康安全管理的基本知识。 (18) 熟悉工程质量管理的基本知识。 (19) 熟悉工程成本管理的基本知识。 (20) 掌握装配式建筑工程质量、进度、成本管理的基础知识。 (21) 掌握常用施工机械机具的性能。 (22) 熟悉现场文明生产要求。 (23) 掌握安全操作与劳动保护知识。 (24) 熟悉环境保护知识

针对装配式建筑施工特点，施工员应尤其重视装配式建筑预制构件专项施工方案编制的能力培养。

2. 质量员

质量员应具备的专业技能见表1-1-5。

质量员应具备的专业技能　　表1-1-5

项次	分类	专业技能
1	质量计划准备	(1) 能够参与编制施工项目质量计划
2	材料质量控制	(2) 能够评价材料、设备质量。 (3) 能够判断施工试验结果
3	工序质量控制	(4) 能够识读施工图。 (5) 能够确定施工质量控制点。 (6) 能够参与编写质量控制措施等质量控制文件，实施质量交底。 (7) 能够进行工程质量检查、验收、评定
4	质量问题处置	(8) 能够识别质量缺陷，并进行分析和处理。 (9) 能够参与调查、分析质量事故，提出处理意见
5	质量资料管理	(10) 能够编制、收集、整理质量资料

质量员应具备的专业知识见表1-1-6。

质量员应具备的专业知识　　表1-1-6

项次	分类	专业知识
1	通用知识	(1) 熟悉国家工程建设相关法律法规。 (2) 熟悉工程材料的基本知识。 (3) 掌握施工图识读、绘制的基本知识。 (4) 熟悉工程施工工艺和方法。 (5) 熟悉工程项目管理的基本知识

续表

项次	分类	专业知识
2	基础知识	（6）熟悉相关专业力学知识。 （7）熟悉建筑构造、建筑结构和建筑设备的基本知识。 （8）熟悉装配式建筑材料基础知识，装配式建筑构造、结构和设备基础知识。 （9）掌握装配式建筑工程施工工艺和方法的基础知识。 （10）熟悉施工测量的基本知识。 （11）掌握抽样统计分析的基本知识
3	岗位知识	（12）熟悉与本岗位相关的标准和管理规定。 （13）掌握工程质量管理的基本知识。 （14）掌握施工质量计划的内容和编制方法。 （15）熟悉工程质量控制的方法。 （16）掌握装配式建筑工程质量、进度、成本管理的基础知识。 （17）了解施工试验的内容、方法和判定标准。 （18）掌握工程质量问题的分析、预防及处理方法

1.2 相关法律法规标准

1.2.1 法律法规（表1–2–1）

相关法律法规条例　　表1–2–1

序号	法律法规条例名称
1	《中华人民共和国民法典》
2	《中华人民共和国建筑法》
3	《中华人民共和国安全生产法》
4	《中华人民共和国劳动法》
5	《中华人民共和国环境保护法》
6	《建设工程安全生产管理条例》
7	《建设工程质量管理条例》

1.2.2 标准（表1–2–2）

相关标准　　表1–2–2

序号	标准名称	编号
1	《混凝土结构通用规范》	GB 55008—2021
2	《建筑与市政工程施工质量控制通用规范》	GB 55032—2022

续表

序号	标准名称	编号
3	《混凝土结构工程施工规范》	GB 50666—2011
4	《混凝土结构工程施工质量验收规范》	GB 50204—2015
5	《钢结构工程施工质量验收标准》	GB 50205—2020
6	《建筑装饰装修工程质量验收标准》	GB 50210—2018
7	《建筑给水排水及采暖工程施工质量验收规范》	GB 50242—2002
8	《建筑电气工程施工质量验收规范》	GB 50303—2015
9	《通风与空调工程施工质量验收规范》	GB 50243—2016
10	《智能建筑工程质量验收规范》	GB 50339—2013
11	《建筑施工场界环境噪声排放标准》	GB 12523—2011
12	《生产经营单位生产安全事故应急预案编制导则》	GB/T 29639—2020
13	《装配式混凝土建筑技术标准》	GB/T 51231—2016
14	《装配式钢结构建筑技术标准》	GB/T 51232—2016
15	《装配式木结构建筑技术标准》	GB/T 51233—2016
16	《装配式建筑评价标准》	GB/T 51129—2017
17	《建筑工程绿色施工规范》	GB/T 50905—2014
18	《建筑与市政工程绿色施工评价标准》	GB/T 50640—2023
19	《混凝土强度检验评定标准》	GB/T 50107—2010
20	《水泥基灌浆材料应用技术规范》	GB/T 50448—2015
21	《装配式混凝土结构技术规程》	JGJ 1—2014
22	《钢筋机械连接技术规程》	JGJ 107—2016
23	《钢筋套筒灌浆连接应用技术规程》	JGJ 355—2015
24	《建筑施工安全检查标准》	JGJ 59—2011
25	《建设工程施工现场环境与卫生标准》	JGJ 146—2013
26	《钢筋连接用灌浆套筒》	JG/T 398—2019
27	《钢筋连接用套筒灌浆料》	JG/T 408—2019
28	《装配式整体厨房应用技术标准》	JGJ/T 477—2018
29	《装配式整体卫生间应用技术标准》	JGJ/T 467—2018

1.3 图纸相关知识

装配式建筑施工员、质量员应具备看图、识图和深化设计能力。

（1）需掌握建筑工程施工图的分类及其主要内容，掌握建筑工程施工图的编排顺序。

（2）需掌握建筑工程施工图的识图方法，掌握勘察报告、设计变更文件、图纸会审纪要等文件的识读方法。

（3）需熟悉预制构件深化图设计文件内容、设计说明、设计深度要求等知识。

预制构件深化图设计文件包括的内容见表1–3–1。

预制构件深化图设计文件内容　　表1–3–1

项次	内容
1	图纸目录及数量表、构件生产说明、构件安装说明
2	预制构件平面布置图、构件模板图、构件配筋图、连接节点详图、墙身构造详图、构件细部节点详图、构件吊装详图、构件预埋件埋设详图以及合同要求的全部图纸
3	与预制构件相关的生产、脱模、运输、安装等受力验算。计算书不属于必须交付的设计文件，但应归档保存

预制构件深化图设计说明包括的内容见表1–3–2。

预制构件深化图设计说明内容　　表1–3–2

<table>
<tr><th>项次</th><th colspan="3">内容</th></tr>
<tr><td>1</td><td colspan="3">工程概况中应说明工程地点、采用装配式建筑的结构类型、单体采用的预制构件类型及布置情况、预制构件的使用范围及预制构件的使用位置</td></tr>
<tr><td>2</td><td colspan="3">设计依据应包括工程施工图设计全称、建设单位提出的预制构件加工图设计有关的符合标准、法规的书面委托文件、设计所执行的主要法规和所采用的主要标准规范和图集（包括标准名称、版本号）</td></tr>
<tr><td>3</td><td colspan="3">构件加工图的图纸编号按照分类编制时，应有图纸编号说明；预制构件的编号，应有构件编号原则说明</td></tr>
<tr><td rowspan="5">4</td><td rowspan="5" colspan="2">预制构件设计构造</td><td>预制构件的基本构造、材料基本组成</td></tr>
<tr><td>标明各类构件的混凝土强度等级、钢筋级别及种类、钢材级别、连接方式，采用型钢连接时应标明钢材的规格以及焊接材料级别</td></tr>
<tr><td>连接材料的基本信息和技术要求</td></tr>
<tr><td>各类构件表面成型处理的基本要求</td></tr>
<tr><td>防雷接地引下线的做法</td></tr>
<tr><td rowspan="7">5</td><td rowspan="7">预制构件主材</td><td>混凝土</td><td>各类构件混凝土的强度等级，且应注明各类构件对应楼层的强度等级</td></tr>
<tr><td rowspan="3">钢筋</td><td>钢筋种类、钢绞线或高强钢丝种类及对应的产品标准，有特殊要求需单独注明</td></tr>
<tr><td>各类构件受力钢筋的最小保护层厚度</td></tr>
<tr><td>预应力预制构件的张拉控制应力、张拉顺序、张拉条件，对张拉的测试要求等</td></tr>
<tr><td rowspan="3">预埋件</td><td>钢材的牌号和质量等级，以及所对应的产品标准；有特殊要求需单独注明</td></tr>
<tr><td>预埋铁件的防腐、防火做法及技术要求</td></tr>
<tr><td>钢材的焊接方法及相应的技术要求，焊缝质量等级及焊缝质量检查要求</td></tr>
</table>

续表

项次	内容		
5	预制构件主材	预埋件	其他预埋件应注明材料的种类、类别、性能以及使用注意事项，有耐久性要求的应注明使用年限以及执行的对应标准
			应注明预埋件的支座偏差和预埋在构件上位置偏差的控制要求
		其他	保温材料的品种规格、材料导热系数、燃烧性能等要求
			夹心保温构件应明确拉结件的材料性能、布置原则、锚固深度以及产品的操作要求；需要拉结件厂家补充的内容应明确技术要求，确定技术接口的深度
6	预制构件生产技术		预制构件生产中养护要求或执行标准，以及构件脱模起吊、成品保护的要求
			面砖或石材饰面的材料要求
			构件加工隐蔽工程检查的内容或执行的相关标准
			预制构件质量检验执行的标准，对有特殊要求的应单独说明
			钢筋套筒连接应说明相应的检测方案
7	预制构件的堆放与运输		预制构件堆放的场地及堆放方式的要求
			构件堆放的技术要求与措施
			构件运输的要求与措施
			异形构件的堆放与运输应提出明确要求及注意事项
8	现场施工要求	安装	应要求施工单位制定构件进场验收、堆放、安装等专项要求
			构件吊具、吊装螺栓、吊装角度的基本要求
			预制构件安装精度、质量控制、施工检测等要求
			构件吊装顺序的基本要求（如先吊装竖向构件再吊装水平构件，外挂墙板宜从低层向高层安装等）
		连接	主体结构装配中钢筋连接用钢筋套筒、约束浆锚连接，以及其他涉及结构钢筋连接方式的操作要求和执行的相应标准
			装饰性挂板以及其他构件连接的操作要求或执行的标准
		防水措施	构件板缝防水施工的基本要求
			板缝防水的注意要点（如密封胶的最小厚度、密封胶对接处的处理等）

预制构件深化设计深度要求见表1-3-3。

预制构件深化设计深度要求　　表1-3-3

项次	内容	说明
1	预制构件平面布置图	包括竖向承重构件平面图、水平构件平面图、非承重装饰构件平面图、屋面层平面图（当屋面采用预制结构时）、预埋件平面布置图
2	预制构件装配立面图	包括各立面预制构件的布置位置、编号、层高线等

续表

项次	内容	说明
3	模板图	预制构件主视图、侧视图、背视图、俯视图、仰视图、门窗洞口剖面图
		标注预制构件的外轮廓尺寸、缺口尺寸、预埋件的定位尺寸
		各视图中标注预制构件表面的工艺要求（如模板面、人工压光面、粗糙面等）；表面有特殊要求应标明饰面做法（如清水混凝土、彩色混凝土、喷砂、瓷砖、石材等）；有瓷砖或石材饰面的构件应绘制排板图
		预埋件、吊钩及预留孔用不同图例表达，并在构件视图中注明预埋件编号
		构件信息表包括构件编号、数量、混凝土体积、构件重量、钢筋保护层厚度、混凝土强度等级
		预埋件信息表包括预埋件及吊钩编号、名称、规格、单块板的数量等
4	配筋图	绘制预制构件配筋的主视图、剖面图；当采用夹心保温构件时，应分别绘制内叶板配筋图、外叶板配筋图
		标注钢筋与构件外边线的定位尺寸、钢筋间距、钢筋外露长度、构件连接用钢筋套筒，以及其他钢筋连接用预留必须明确标注尺寸及外露长度，叠合类构件应标明外露桁架钢筋的高度
		钢筋应按类别及尺寸分别编号，在视图中引出标注
		配筋表应标明编号、直径、级别、钢筋外形、钢筋加工尺寸、单块板中钢筋重量、备注等。需要直螺纹连接的钢筋应标明套丝长度及精度等级
5	预埋件图	包括材料要求、规格、尺寸、焊缝高度、焊接材料、套丝长度、精度等级、预埋件名称、尺寸标注
		表达预埋件的局部埋设大样及要求，包括预埋件位置、埋设深度、外露高度、加强措施、局部构造做法
		预埋件的防腐防火做法及要求
		有特殊要求的预埋件应在说明中注释
		预埋件的名称、比例

（4）需熟悉并熟练运用相关国家建筑标准设计图集，部分重要图集见表1-3-4。

相关图集 **表1-3-4**

序号	图集名称	编号
1	《预制混凝土剪力墙外墙板》	15G365-1
2	《预制混凝土剪力墙内墙板》	15G365-2
3	《桁架钢筋混凝土叠合板（60mm厚底板）》	15G366-1
4	《预制钢筋混凝土板式楼梯》	15G367-1
5	《预制钢筋混凝土阳台板、空调板及女儿墙》	15G368-1
6	《装配式混凝土结构连接节点构造》	G310-1～2
7	《装配式混凝土结构预制构件选用目录（一）》	16G116-1
8	《装配式混凝土剪力墙结构住宅施工工艺图解》	16G906

1.4　材料设备相关知识

1.4.1　结构主材

（1）混凝土的组成、分类、和易性、强度、弹性模量及耐久性等，混凝土原材料检测项目及要求，混凝土进场检测项目及要求。

（2）钢筋的规格、力学性能、工艺性能等，钢筋原材料检测项目及要求，钢筋进场检测项目及要求。

（3）钢材的品种、力学性能、工艺性能等，钢材原材料检测项目及要求，钢材进场检测项目及要求。

1.4.2　连接材料

（1）钢筋连接用灌浆套筒的分类、构造、材料性能、外观及设计要求等，灌浆套筒出厂检测项目及要求，灌浆套筒进场检测项目及要求。

（2）常温型和低温型钢筋连接用套筒灌浆料的流动度、抗压强度、竖向膨胀率、28d自干燥收缩、氯离子含量及泌水率的性能指标及其试验方法，套筒灌浆料出厂检测项目及要求，套筒灌浆料进场检测项目及要求。

（3）钢筋浆锚搭接连接的金属波纹管、螺旋箍筋及灌浆料的流动度、抗压强度、竖向膨胀率、28d自干燥收缩、氯离子含量及泌水率的性能指标及其试验方法，相关材料出厂检测项目及要求，相关材料进场检测项目及要求。

（4）钢筋套筒螺纹连接和钢筋套筒挤压连接的套筒材料及性能要求，套筒出厂检测项目及要求，套筒进场检测项目及要求。

（5）预制保温墙体的连接件的分类、产品及其构造、力学性能等，连接件出厂检测项目及要求，连接件进场检测项目及要求。

（6）预埋吊件的主要类型及其特点，预埋吊件出厂检测项目及要求，预埋吊件进场检测项目及要求。

1.4.3　保温材料

（1）建筑常用保温材料的材料性能与热工性能，保温材料出厂检测项目及要求，保温材料进场检测项目及要求。

（2）保温装饰一体化外墙外保温系统的构造及特点，外墙部品出厂检测项目及要求，外墙部品进场检测项目及要求。

1.4.4 防水材料

（1）建筑常用防水材料的分类及其特性，防水材料出厂检测项目及要求，防水材料进场检测项目及要求。

（2）防水密封胶的分类及其物理力学性能，防水密封胶出厂检测项目及要求，防水密封胶进场检测项目及要求。

（3）止水条的物理力学性能，止水条出厂检测项目及要求，止水条进场检测项目及要求。

1.4.5 其他材料

（1）混凝土外加剂的分类及其作用，外加剂出厂检测项目及要求，外加剂进场检测项目及要求。

（2）隔离剂的类型及其特点、匀质性指标和施工性能指标，隔离剂出厂检测项目及要求，隔离剂进场检测项目及要求。

（3）堵漏材料的分类及其物理力学性能，堵漏材料出厂检测项目及要求，堵漏材料进场检测项目及要求。

1.4.6 常用施工机械机具

（1）塔式起重机的分类、性能参数及其选用方法，塔式起重机进场检查要求。

（2）自行式起重机的分类、性能参数及其选用方法，自行式起重机进场检查要求。

（3）钢筋加工机械、混凝土搅拌和运输机具的类型、用途等，相关机具进场检查要求。

1.5 安全生产与绿色施工

1.5.1 危险源识别

（1）预制构件出厂及运输。

（2）预制构件卸车及码放。

（3）预制外墙板安装。

（4）节点位置钢筋绑扎、支模和混凝土浇筑。

（5）预制叠合板安装。

（6）预制楼梯（隔墙板）安装。

（7）叠合板线管铺设、钢筋绑扎、混凝土浇筑。

（8）墙板灌浆施工。

（9）PCF板安装，钢筋绑扎、支模和混凝土浇筑。

（10）外围护架体安装、拆除。

1.5.2 施工安全要求

（1）装配式混凝土建筑施工应执行国家、地方、行业和企业的安全生产法规和规章制度，落实各级各类人员的安全生产责任制。

（2）施工单位应根据工程施工特点对重大危险源进行分析并予以公示，并制定相对应的安全生产应急预案。

（3）施工单位应对从事预制构件吊装作业及相关人员进行安全培训与交底，识别预制构件进场、卸车、存放、吊装、就位各环节的作业风险，并制定防控措施。

（4）安装作业开始前，应对安装作业区进行围护并做出明显的标识，拉警戒线，根据危险源级别安排进行旁站，与安装作业无关的人员严禁进入。

（5）施工作业使用的专用吊具、吊索、定型工具式支撑、支架等，应进行安全验算，使用中进行定期、不定期检查，确保其处于安全状态。

（6）安装作业安全应符合下列规定：

1）预制构件起吊后，应先将预制构件提升300mm左右后，停稳构件，检查钢丝绳、吊具和预制构件状态，确认吊具安全且构件平稳后，方可缓慢提升构件；

2）吊机安装区域内，非作业人员严禁进入；吊运预制构件时，构件下方严禁站人，应待预制构件降落至距地面1m以内方准作业人员靠近，就位固定后方可脱钩；

3）高空应通过缆风绳改变预制构件方向，严禁高空直接用手扶预制构件；

4）遇到雨、雪、雾天气，或者风力大于5级时，不得进行安装作业。

（7）夹心保温外墙板后浇混凝土连接节点区域的钢筋安装连接施工时，不得采用焊接连接。

（8）楼面转换层进行预埋钢筋焊接连接期间，应做好防焊渣掉落措施，建筑物施工缝之间必须塞堵不燃材料。

（9）预制构件安装施工期间，应严格控制噪声和遵守现行国家标准《建筑施工场界环境噪声排放标准》GB 12523的规定。

（10）施工现场应加强对废水、污水的管理，现场应设置污水池和排水沟。废水、废弃涂料、胶料应统一处理，严禁未经处理而直接排入下水管道。

（11）夜间施工时，应防止光污染对周边居民的影响。

（12）预制构件运输过程中，应保持车辆整洁，防止对场内道路的污染，并减少扬尘。

（13）预制构件安装过程中废弃物等应进行分类回收。施工中产生的胶黏剂、稀释剂等易燃易爆废弃物应及时收集送至指定储存器内并按规定回收，严禁丢弃未经处理的废弃物。

1.5.3 安全交底及措施

（1）预制构件生产前，应由建设单位组织设计、生产、施工单位进行设计文件交底和会审。必要时，应根据批准的设计文件、拟定的生产工艺、运输方案、吊装方案等编制加工详图。

（2）施工单位应根据装配式混凝土建筑工程特点，对管理人员、施工作业人员进行质量安全技术交底。

（3）装配式混凝土建筑施工前，宜选择有代表性的单元进行预制构件试安装，并应根据试安装结果及时调整施工工艺、完善施工方案。

1.5.4 工厂生产绿色制作

（1）生产企业污染物排放需符合国家和地方污染物排放标准的相关要求。

（2）生产企业应充分合理利用和无害化处置固体废弃物和废弃浆水，固体废弃物应有避免扬散、流失、坍塌和渗漏的储存场所，废弃浆水应有避免流失和渗漏的储存场所。

1.5.5 现场装配绿色安装

（1）施工单位是建筑工程绿色施工的实施主体，应组织绿色施工的全面实施。

（2）实行总承包管理的建设工程，总承包单位应对绿色施工负总责。

（3）总承包单位应对专业承包单位的绿色施工实施管理。专业承包单位应对工程承包范围的绿色施工负责。

（4）施工单位应建立以项目经理为第一责任人的绿色施工管理体系，制定绿色施工管理制度，负责绿色施工的组织实施。进行绿色施工教育培训，定期开展自检、联检和评价工作。

（5）绿色施工组织设计、绿色施工方案或绿色施工专项方案编制前，应进行绿色施工影响因素分析，并据此制定实施对策和绿色施工评价方案。

（6）施工现场应建立机械设备保养、限额领料、建筑垃圾再利用的台账和清单，工程材料和机械设备的存放、运输应制定保护措施。

（7）施工单位应强化技术管理，绿色施工过程技术资料应收集和归档。

（8）施工单位应根据绿色施工要求对传统施工工艺进行改进。

（9）施工单位应建立不符合绿色施工要求的施工工艺、设备和材料的限制、淘汰等制度。

（10）应按现行国家标准《建筑与市政工程绿色施工评价标准》GB/T 50640—2023的规定对现场绿色施工实施情况进行评价，并根据绿色施工评价情况，采取改进措施。

（11）施工单位应按照国家法律、法规的有关要求，制定施工现场环境保护和人员安全等突发事件的应急预案。

1.6　数字化生产与施工

（1）了解建筑行业数字化转型发展的动态和趋势。

（2）了解建筑行业所应用的数字化技术，包括人工智能（AI）、虚拟现实（VR）、增强现实（AR）、建筑信息模型（BIM）等。

（3）熟悉数字化、信息化技术在装配式混凝土建筑工程构件生产与现场施工领域的应用方式、具体过程及效益效果，如智能工厂、智慧工地等。

第2章 工作流程及要求

2.1 工厂生产

2.1.1 工厂生产工作要求

（1）生产单位应具备保证产品质量要求的生产工艺设施、试验检测条件，建立完善的质量管理体系和制度，并宜建立质量可追溯的信息化管理系统。

（2）预制构件生产前，应由建设单位组织设计、生产、施工单位进行设计文件交底和会审。

（3）预制构件生产前应编制生产方案，生产方案宜包括生产计划及生产工艺、模具方案及计划、技术质量控制措施、成品存放、运输和保护方案等。

（4）生产单位的检测、试验、张拉、计量等设备及仪器仪表均应检定合格，并应在有效期内使用。不具备试验能力的检验项目，应委托第三方检测机构进行试验。

（5）预制构件生产宜建立首件验收制度。

（6）预制构件的原材料、钢筋加工和连接等的质量均应按照相关规范进行检查和检验，并应具有生产操作规程和质量检验记录。

（7）预制构件生产的质量检验应按生产工序组织检验。预制构件的质量评定应根据钢筋、混凝土、预应力、预制构件的试验、检验资料等项目进行。

（8）预制构件和部品生产中采用新技术、新工艺、新材料、新设备时，生产单位应制定专门的生产方案；必要时进行样品试制，经检验合格后方可实施。

（9）预制构件和部品经检查合格后，宜设置表面标识。预制构件和部品出厂时，应出具质量证明文件。

2.1.2　工厂生产流程及要求（图2-1-1）

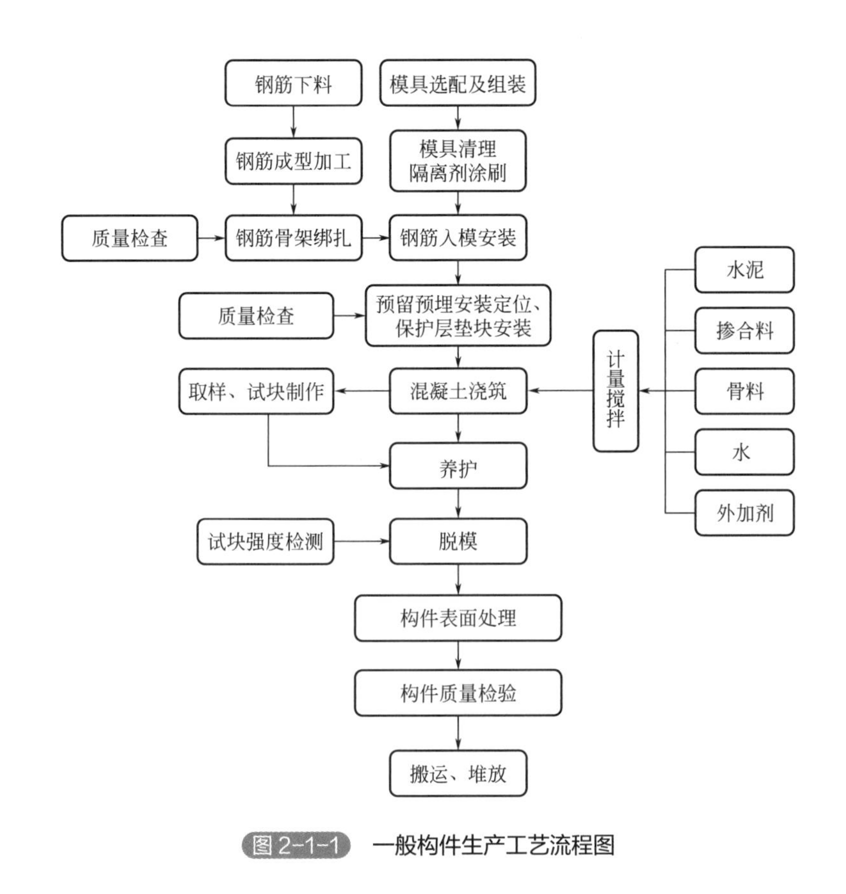

图2-1-1　一般构件生产工艺流程图

1. 模具制作与拼装

（1）模具设计应兼顾周转使用次数和经济性原则，合理选用模具材料，以标准化设计、组合式拼装、通用化使用为目标。在保证模具品质和周转次数的基础上，尽可能减轻模具重量，方便人工组装。

（2）模具构造应保证拆卸方便，连接可靠，定位准确，且应保证混凝土构件顺利脱模。

（3）模具底模可采用固定式钢模台，侧模宜采用钢材或铝合金。当预制构件造型或饰面特殊时，宜采用硅胶模与钢模组合等形式。

（4）构件上的预埋件和预留孔洞宜通过模具进行定位，并安装牢固，其安装偏差应符合相关规定。

（5）侧模和底模应具有足够的刚度、强度和稳定性，并符合构件精度要求，且模具尺寸应符合相关规定。

（6）预制构件在钢筋骨架入模前，应在模具表面均匀涂抹隔离剂。用石材或面砖饰面的预制混凝土构件应在饰面入模前涂抹隔离剂，饰面与模具接触面不得涂抹隔离剂。

2. **钢筋骨架制作与安装**

（1）钢筋应有产品合格证，并应按有关标准规定进行复试检验，钢筋的质量必须符合现行有关标准的规定。

（2）钢筋骨架尺寸应准确，钢筋规格、数量、位置和连接方法等应符合有关标准规定和设计文件要求。

（3）钢筋配料应根据构件配筋图，先绘制出各种形状和规格的单根钢筋简图并进行编号，然后分别计算钢筋下料长度和根数，填写配料单，申请加工。

（4）钢筋网和钢筋骨架在整体装运、吊装就位时，应采用多吊点的起吊方式。吊点应根据其尺寸、重量及刚度而定。

（5）钢筋入模时，应平直、无损伤，表面不得有油污、颗粒状或片状老锈，且应轻放，防止变形。

（6）保护层垫块应根据钢筋规格和间距按梅花状布置，与钢筋网片或骨架连接牢固，保护层厚度应符合现行国家标准和设计要求。

（7）绑扎丝的末梢应向内侧弯折。

3. **预埋件安装**

（1）预埋件安装位置应准确，并满足方向性、密封性、绝缘性和牢固性等要求。

（2）金属预埋件要固定在产品尺寸允许误差范围以内的位置，且预埋件必须全部采用夹具固定。

（3）混凝土表面平埋的钢板预埋件，其短边的长度大于200mm时，应在中部加开排气孔；当预埋件带有螺牙时，其外露螺牙部分应采取保护措施。

（4）预埋件加工偏差应符合相关规定。

4. **保温材料铺设**

（1）带夹心保温材料的预制构件宜采用平模工艺成型。

（2）当采用立模工艺生产时，应同步浇筑内外叶混凝土层，生产时应采取可靠措施保证内外叶混凝土厚度、保温材料及连接件的位置准确。

（3）保温板铺设前应按设计图纸和施工要求，确认连接件和保温板满足要求后，方可安放连接件和铺设保温板，保温板铺设应紧密排列。

（4）当使用FRP连接件时，保温板应预先打孔，且在插入过程中应使FRP塑料护套与保温材料表面平齐并旋转90°。

5. **混凝土浇筑**

（1）混凝土强度等级、混凝土所用原材料、混凝土配合比设计、耐久性和工作性应满足现行国家标准和工程设计要求。

（2）混凝土浇筑前，应检查和控制模板、钢筋、保护层和预埋件等的尺寸、规格、数量和位置，其偏差值应满足相关规定。符合要求时，方可进行浇筑。

（3）混凝土浇筑时应控制混凝土从搅拌机卸料到浇筑完毕的时间，应符合相关标准规范的规定。

（4）混凝土浇筑时投料高度不宜大于600mm，并应均匀摊铺。

（5）混凝土浇筑宜一次完成，必须分层浇筑时，其分层厚度应符合相关标准规范的规定；浇筑上一层混凝土时，振捣应伸入下一层50mm以上，且应在下一层混凝土初凝前进行。

6. 构件养护与脱模

（1）预制构件养护可采用自然养护和加热养护等养护方式，具体可根据气温、生产进度、构件类型等影响因素选择合适的养护方式。

（2）根据场地条件及预制工艺的不同，加热养护方式可分为：平台加罩养护和立体养护窑等，分别适用于固定台座和机组流水线生产组织方式，其中立体养护窑占地面积小，而且单位养护能耗较低。

（3）预制构件加热养护制度应分静停、升温、恒温和降温四个阶段，养护过程静停时间为混凝土全部浇捣完成到进入养护室前的时间，不宜少于2h；升降温速度不宜大于20℃/h；恒温时养护最高温度不宜超过70℃，恒温时间不宜少于3h。

（4）构件脱模宜先从侧模开始，先拆除固定预埋件的夹具，再打开其他模板；拆侧模时，不应损伤预制构件，不得使用振动方式拆模。

（5）预制构件起吊的吊点设置，除强度应符合设计要求外，还应满足平稳起吊的要求，平吊吊运不宜少于4个吊点，侧吊吊运不宜少于2个吊点，且宜对称布置。

7. 构件标识

（1）构件应在脱模起吊前进行标识，标识的内容应包括工程名称、构件名称、型号、构件编号、生产日期、制作单位和检查合格标识等。

（2）标识应标注在构件显眼、容易辨识的位置，且在堆放与安装过程中不容易被损毁。

（3）标识应采用统一的编制形式，宜采用喷涂法或印章方式制作标识。

（4）基于预制构件生产信息化的要求，宜采用RFID芯片制作标识，用于记录构件生产过程中的各项信息。

2.2 现场安装

2.2.1 构件安装工作流程及要求

1. 预制梁安装

（1）安装工艺流程（图2-2-1）

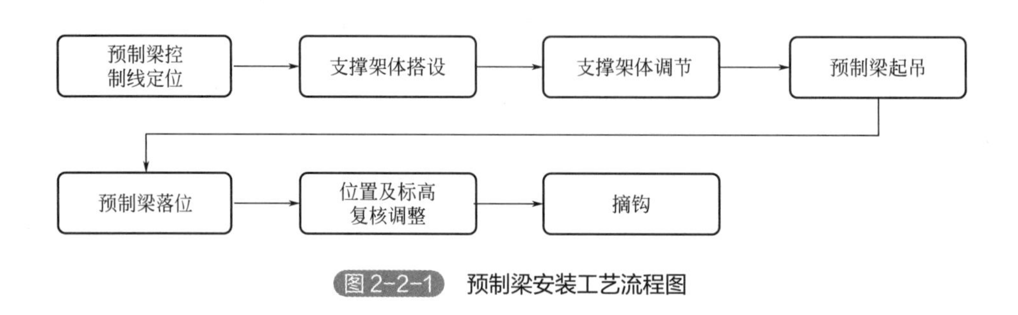

图2-2-1 预制梁安装工艺流程图

（2）预制梁的安装顺序应遵循先主梁后次梁、先低后高的原则。

（3）预制梁安装采用平衡梁安装时，平衡梁应有相关计算书及合格证。

（4）预制梁安装前，应测量并修正柱顶与临时支撑标高，确保与梁底标高一致，柱上应弹出梁边控制线；根据控制线对梁端、两侧、梁轴线进行精密调整，误差满足规范要求。

2. 预制叠合板安装

（1）安装工艺流程（图2-2-2）

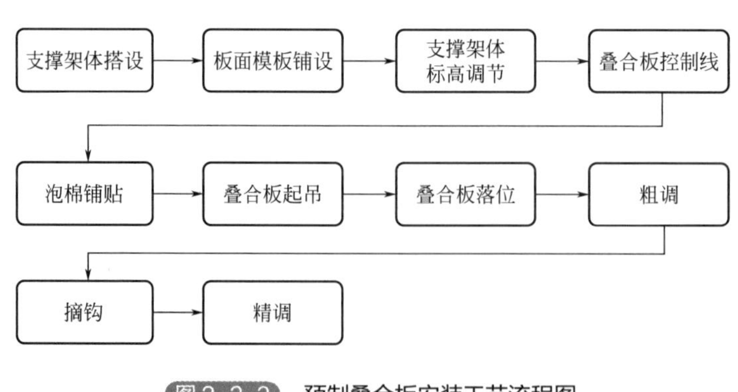

图2-2-2 预制叠合板安装工艺流程图

（2）预制叠合板起吊吊点设置应严格按照深化图纸要求进行留置。起吊点应有醒目标识，且在此位置应有确保吊具安全使用的措施。

（3）正式施工前应严格根据预制叠合板尺寸、重量、吊点数量、作业半径等要求选择适宜的吊具和起重设备；对于设置4个及以上吊点的叠合板，宜采用吊框或者平衡梁进行安装。

（4）安装预制叠合板之前应检查支座顶面标高及支撑面的平整度，并检查叠合板是否发生弯曲、扭翘。

（5）预制叠合板安装前，应提前确定构件控制线，确保入位准确。预制叠合板缝内侧应采取预压发泡条等堵缝措施，避免后续漏浆。

3. **预制楼梯安装**

（1）安装工艺流程（图2-2-3）

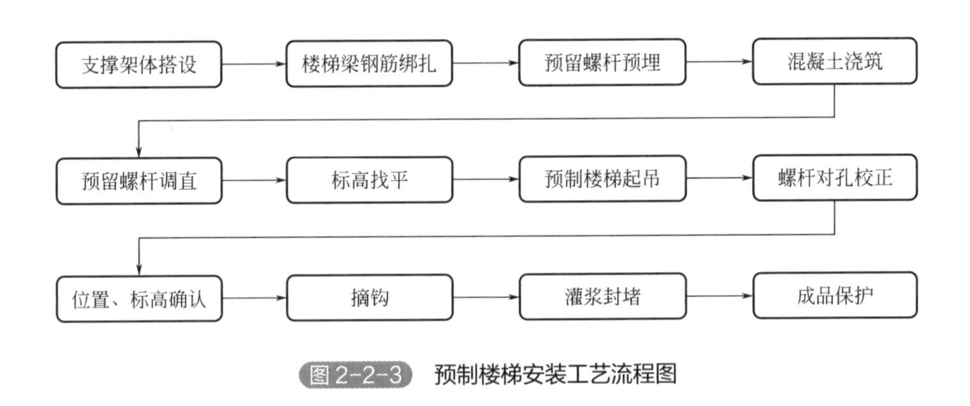

图2-2-3　预制楼梯安装工艺流程图

（2）预制楼梯安装前，应检查预埋件定位是否准确并及时调整；预埋件材质及长度应符合设计要求，严禁私自割除或不按设计要求预留。

（3）预制楼梯正式安装前应设置垫块控制楼梯构件平面定位及标高，确保精准落位。

（4）楼梯安装吊具宜采用平衡梁或吊框，由于需要考虑落位需准确，宜在安装一侧设置手拉葫芦辅助；吊具与楼梯之间连接宜采用预埋吊环或内埋式螺母或内埋式吊杆。

（5）预制楼梯就位后，应立即调整并固定，及时完成封堵及灌浆作业，避免因人员走动造成的偏差及危险。

4. **竖向预制构件预埋与安装**

竖向预制构件主要包括预制柱、预制剪力墙、预制围护墙、预制飘窗等装配式混凝土结构部件。

（1）安装工艺流程（图2-2-4）

（2）竖向构件安装顺序应结合设计图纸及施工计划确认，并在施工方案中体现；优先安装与现浇结构连接的竖向构件；相邻竖向预制构件安装应按先低后高

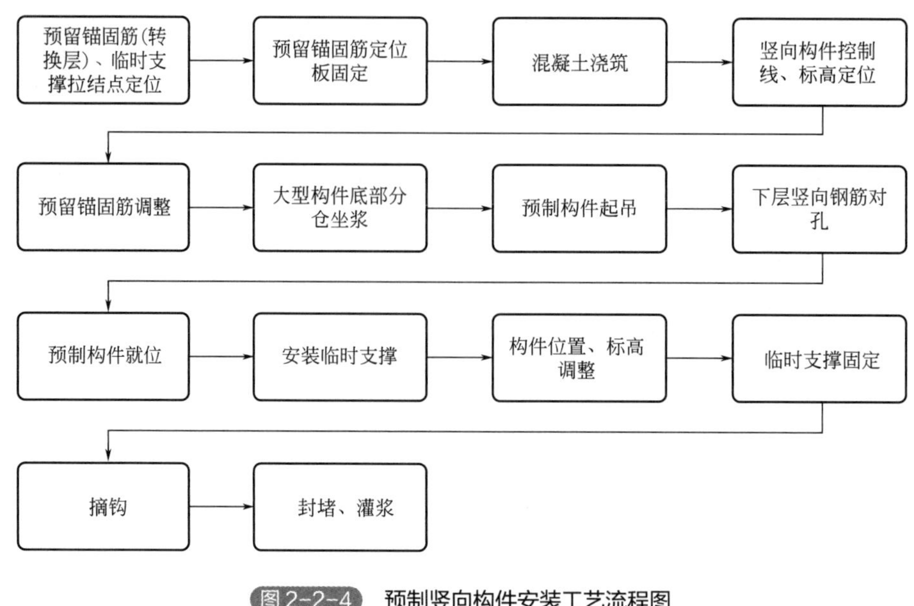

图2-2-4　预制竖向构件安装工艺流程图

原则进行安装；整体遵循先外后内、先四周后内部的原则进行安装。

（3）转换层预留钢筋预埋长度及伸出长度不应低于设计要求，伸出长度宜适当超出设计要求。待钢筋调整完毕后，将超出长度进行割除。

（4）预留锚固筋应设置定位板等加固措施，浇筑混凝土期间宜设置看筋人员，并在混凝土终凝前完成钢筋位置调整。

（5）预留钢筋偏位，应及时进行调整；如存在严重偏差、影响预制构件安装时，应会同设计单位制定专项处理方案，严禁随意切割钢筋。

（6）预制竖向构件就位应以主控轴线与构件定位边线同时作为控制线，确保构件安装准确；控制线不得少于一个方向。

（7）预制柱安装就位后应在两个方向设置可调斜撑作临时固定措施、并应进行标高、垂直度、扭转调整和控制；预制墙板应设置不少于2道可调斜撑。

5. 竖向构件灌浆方法

（1）满铺坐浆法（单套筒灌浆法）钢筋套筒灌浆连接

满铺坐浆法（单套筒灌浆法）钢筋套筒灌浆连接的工艺示意图见图2–2–5。

1）操作流程（图2–2–6）

2）操作要求

在预制柱、预制墙板等竖向预制构件安装前，应对混凝土接槎面进行清理，确保无浮浆、灰尘等。同时对构件定位放线工作进行检查复核。

专用坐浆料应采用具有无收缩或微膨胀性能的材料，其强度应较预制构件混凝土强度提高至少一个等级且不低于30MPa，其工作性能应满足施工要求。

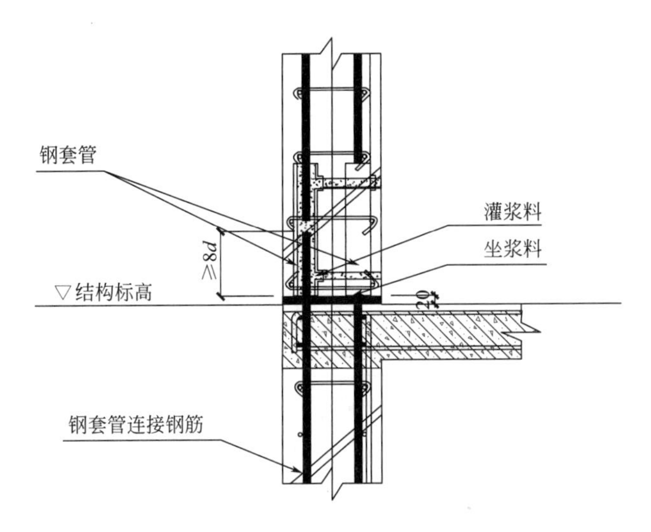

图2-2-5 满铺坐浆灌浆示意图

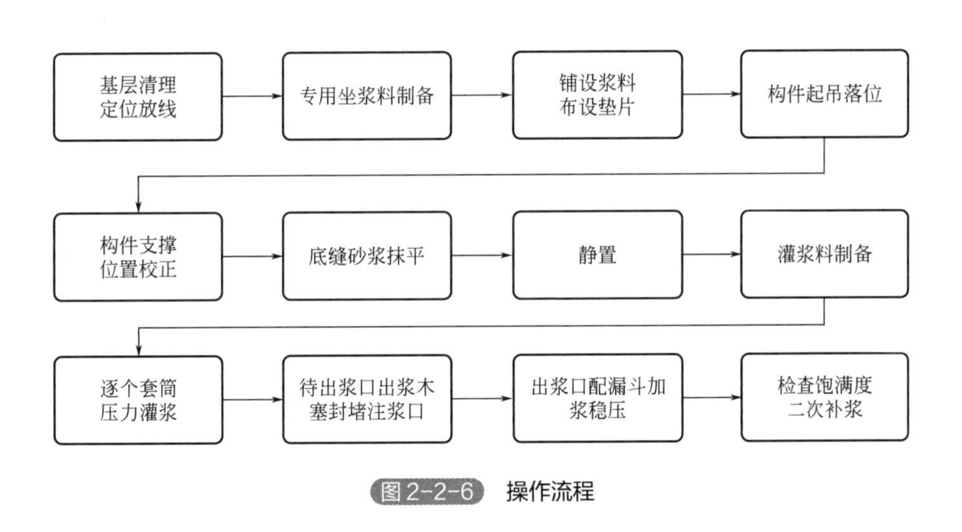

图2-2-6 操作流程

在安装位置面和预留安装间隙高度范围内满铺坐浆料，铺设厚度均匀连续。按照设计标高设置垫块，并校准复核。

按照专项施工方案要求进行构件起吊安装，采用斜支撑进行临时固定并及时校正构件位置。

构件安装后及时清除多余坐浆料，四周底缝浆面抹压平整。

待上层混凝土浇筑后按照专项方案及相关规定要求进行灌浆施工，灌浆料应符合设计要求。

采取压力注浆方式对套筒逐个灌浆后，待出浆口有浆料冒出后，用木塞封堵下部注浆口，待上部出浆口浆料回流且浆面稳定后，在出浆口加装漏斗进行补浆。

灌浆施工完毕，及时逐个进行灌浆饱满度复查，并及时采取补救措施。

（2）塞缝封堵法（连通腔灌浆法）钢筋套筒灌浆连接

塞缝封堵法（连通腔灌浆法）钢筋套筒灌浆连接工艺示意图见图2-2-7。

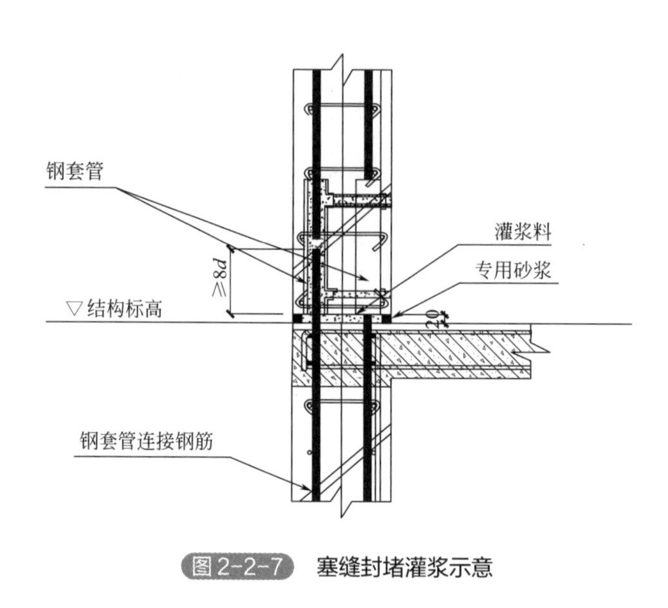

图2-2-7 塞缝封堵灌浆示意

1）操作流程

塞缝封堵法（连通腔灌浆法）钢筋套筒灌浆操作流程见图2-2-8。

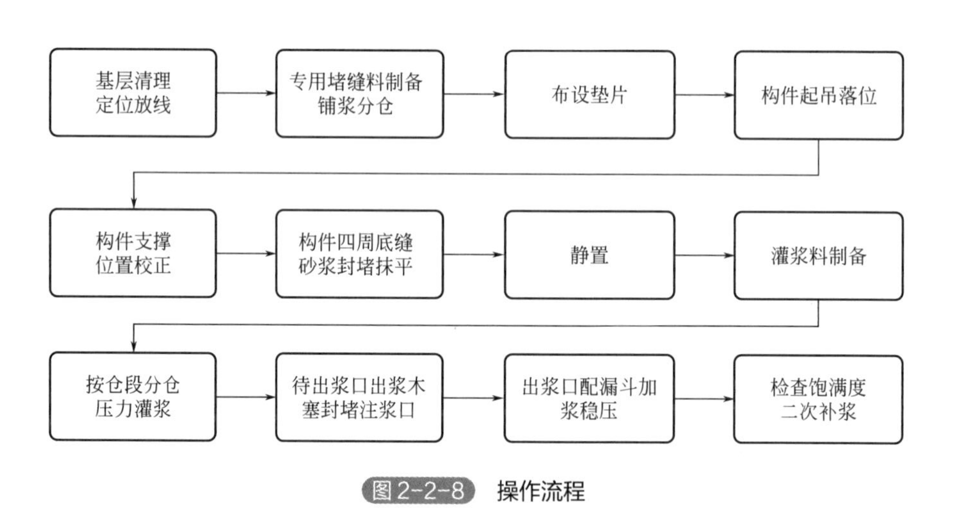

图2-2-8 操作流程

2）操作要求

在预制柱、预制墙板等竖向预制构件安装前，应对混凝土接茬面进行清理，确保无浮浆、灰尘等。同时对构件定位放线工作进行检查复核。

专用封堵料应采用具有无收缩或微膨胀性能的材料，其强度、工作性能应满足设计文件及施工要求。墙板采取分仓灌浆，仓段长度不宜大于1.5m。

按照设计标高设置垫块，并校准复核。按照专项施工方案要求进行构件起吊安装，采用斜拉杆进行支撑固定并及时校正构件位置。

构件安装后采用专用封堵料对构件四周进行封堵，抹压平整并及时清除多余浆料。在预制构件底面与混凝土楼面之间形成密闭灌浆空腔，塞缝宽度不宜超过20mm。

待上层混凝土浇筑后按照专项方案及相关规定要求进行灌浆施工，灌浆料应符合设计要求。

首先用木塞封堵该仓段所有下部注浆口，仅留一个注浆口。采取压力注浆方式对该仓段进行一点灌浆，待同一仓段所有出浆口均有浆料冒出后，用木塞封堵，待上部出浆口浆料回流且浆面稳定后，在每个出浆口加装漏斗进行补浆，确保底部连通腔及各个套筒内部灌浆饱满密实。

灌浆施工完毕，及时逐个进行灌浆饱满度复查，并及时采取补救措施。

（3）螺纹盲孔灌浆连接

用于填充墙板等非承重构件的构造连接，通过现浇部位预埋的插筋与预制构件底部预留的锚固盲孔，对应插入后逐一灌浆使其连成整体，既可采用满铺坐浆法灌浆（图2-2-9），也可采用塞缝封堵法灌浆施工（图2-2-10）。

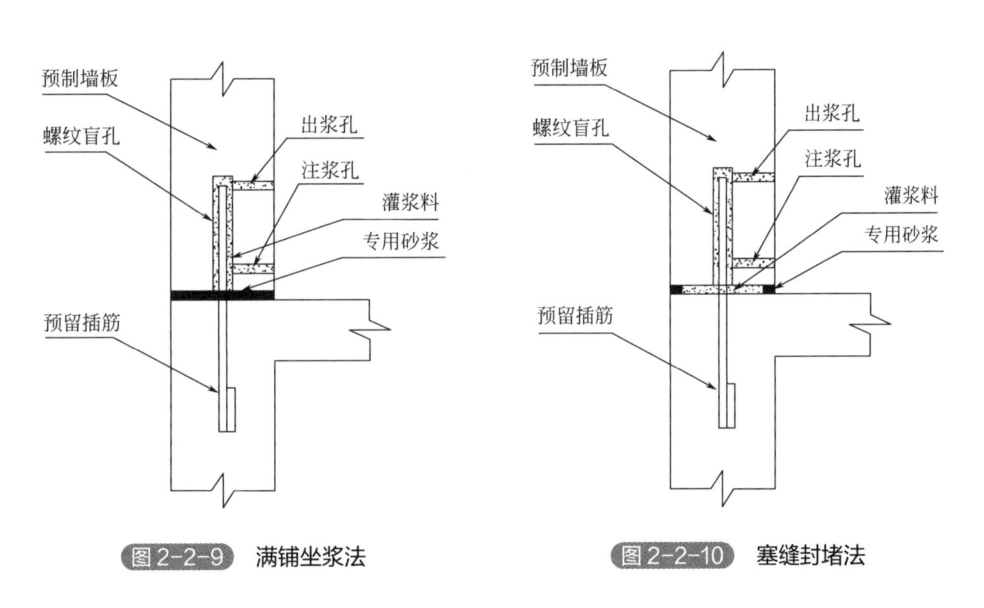

图2-2-9　满铺坐浆法

图2-2-10　塞缝封堵法

2.2.2　检测验收流程

装配式混凝土结构工程施工期间应进行如下检测：

1. 连接节点材料质量检测；

2. 连接节点实体质量检测；

3. 连接节点接缝防水质量检测。

当遇到下列情况之一时，应对装配式混凝土结构按工程质量进行检测：

（1）国家现行有关标准规定的检测；

（2）工程送样检验的数量不足或有关检验资料缺失；

（3）施工质量送样检验或有关方自检的结果未达到设计要求；

（4）对施工质量有怀疑或争议；

（5）发生质量或安全事故；

（6）工程质量保险要求实施的检测；

（7）对既有建筑结构的工程质量有怀疑或争议；

（8）未按规定进行施工质量验收的结构；

（9）其他必要的情况。

实体检测应依据设计文件、相关规范以及委托方要求合理确定检测项目。

应根据检测类别、检测目的、检测项目、结构实际状况和现场具体条件选择适用的检测方法。

质量检测存在质量争议时，宜采用多种检测方法相互印证，综合判定。

检测工作程序见图2-2-11。

检测工作包括初步调查、制定检测方案、仪器设备选择、检测人员配备、检测样品标识、数据信息记录、补充检测或复检等方面，应按现行国家相关标准执行。检测工作结束后，出现结构或构件局部破损时，应及时进行修补。

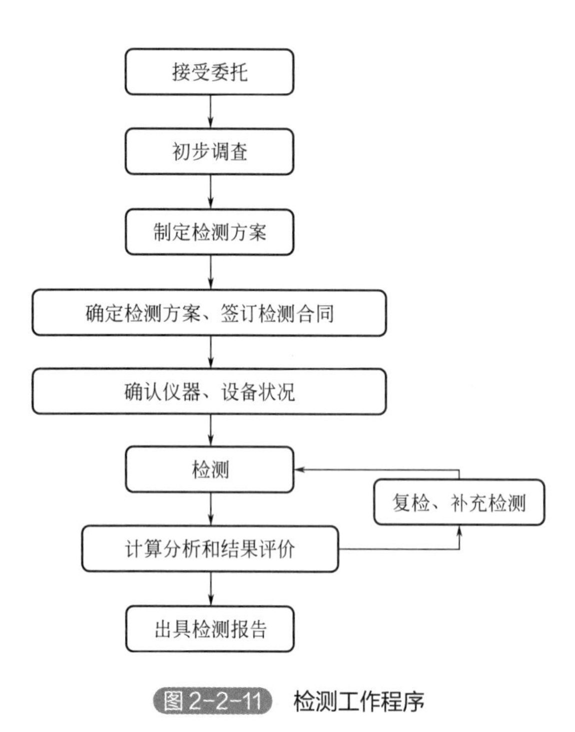

图2-2-11 检测工作程序

2.3 智能建造

2.3.1 智能生产

智能生产是全过程实时信息分析，优化调整，快速组合，批量生产，具有柔性化和可重构特点，根据生产任务需求和生产状态，尽快完成生产调整和组织生产。智能生产的流程依次为生产计划、生产安排、物料管理、生产管理、生产追踪、售后服务等环节，见图2-3-1。

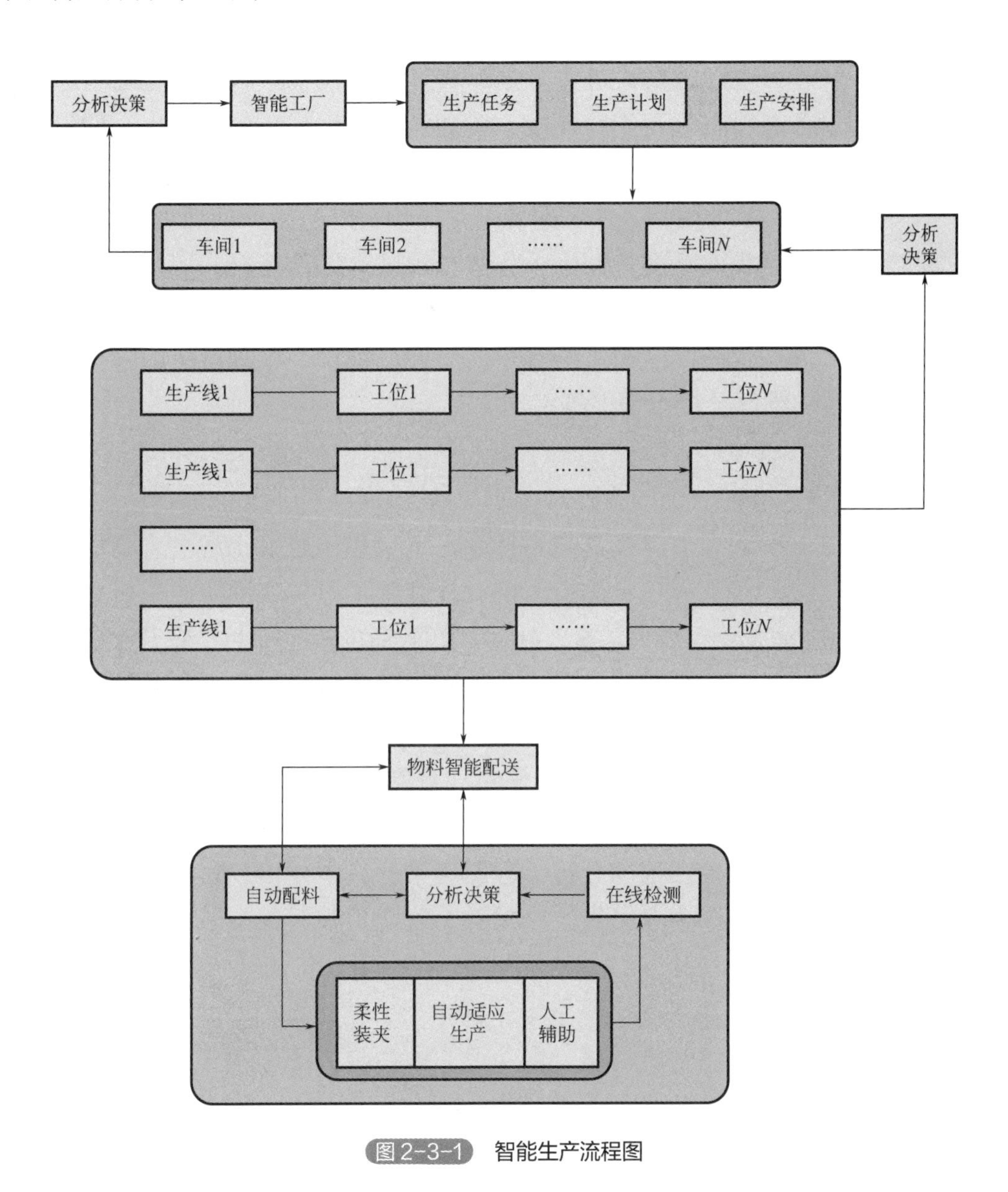

图2-3-1　智能生产流程图

（1）生产计划。根据企业市场需求，充分利用现有资源和生产能力，均衡组织生产活动，合理控制库存量，对生产任务作统筹安排，拟定生产成品的品种、数量、质量、进度计划。

（2）生产安排。根据制定的生产计划，获取生产信息数据，结合生产线、生产岗位、设备性能等情况的需求，安排相关岗位人员、工业机器人进行生产工作。

（3）物料管理。物料作为生产基础，企业生产部门应事先做好预算，做好物料的储备，通过大数据平台、云计算等技术实时监控仓库物料种类、物料数量和物料进出仓库的具体信息，并结合生产所需物料，进行合理的供应，保证生产顺利进行。

（4）生产管理。管理人员通过大数据、云计算等技术形成可视化的生产管理方式，对生产设备、物料进行实时调度，设备运转、生产监控等工作，通过可视化面板的实时更新数据，对生产工作进行调度，实现整个生产线的精细化管理。

（5）生产追踪。基于数据采集和跟踪方法，原材料进入车间后进行实时监控，灵活管理生产、质量检验、交货期、设备运行和工人工作情况，实现全寿命周期的生产交易流程跟踪。

（6）售后服务。生产产品销售给客户，为客户提供一系列服务，包括产品介绍、送货、安装、维修、技术培训等工作。

2.3.2 智慧工地

智慧工地是一种管理理念及其技术体系，它应用于施工工程全寿命周期，通过运用信息化手段，对工程项目进行精确设计和施工模拟，围绕施工过程管理中的“人、机、料、法、环”5大要素，建立互联互通的施工项目信息化生态圈，对数据进行挖掘分析，并结合智能信息采集、数据模型分析、管理高效协同及过程智慧预测等措施，提高工地现场的生产效率、管理效率和决策能力等，提升工程管理信息化水平，实现绿色建造、生态建造和智能建造。

智慧工地的解决方案主要利用IoT、BIM、大数据、AI 等核心技术，实时采集现场数据，自动分析建模，精准分析、智能决策、科学评价，形成一套数据驱动的新型管理模式，为施工企业提供生产提效、安全可控、成本节约的项目企业一体化解决方案，见图2–3–2。

（1）生产管理系统

生产管理系统主要用于实现项目多专业、多参与方的施工任务协同，并通过移动端的信息反馈，动态化呈现施工现场的生产状态，辅助项目管控和高效决策。生产管理系统可支持项目统筹计划管理、计划责任到人、现场任务跟踪、施工日志管理和生产例会管理。通过数字化精准管理，有效提升现场作业效率。

（2）质量管理系统

质量管理系统通过搭建体系化质量管理平台，可实现多项目施工质量的全方位监管，辅助企业质量管理标准有效落地，通过软硬件结合的方式，提高现场质量检查管理效率，保障工程项目高质量交付。

质量管理系统可进行质量巡检、质量验收及检验试验管理，保证施工全过程工程质量可控，达到施工规范标准要求。

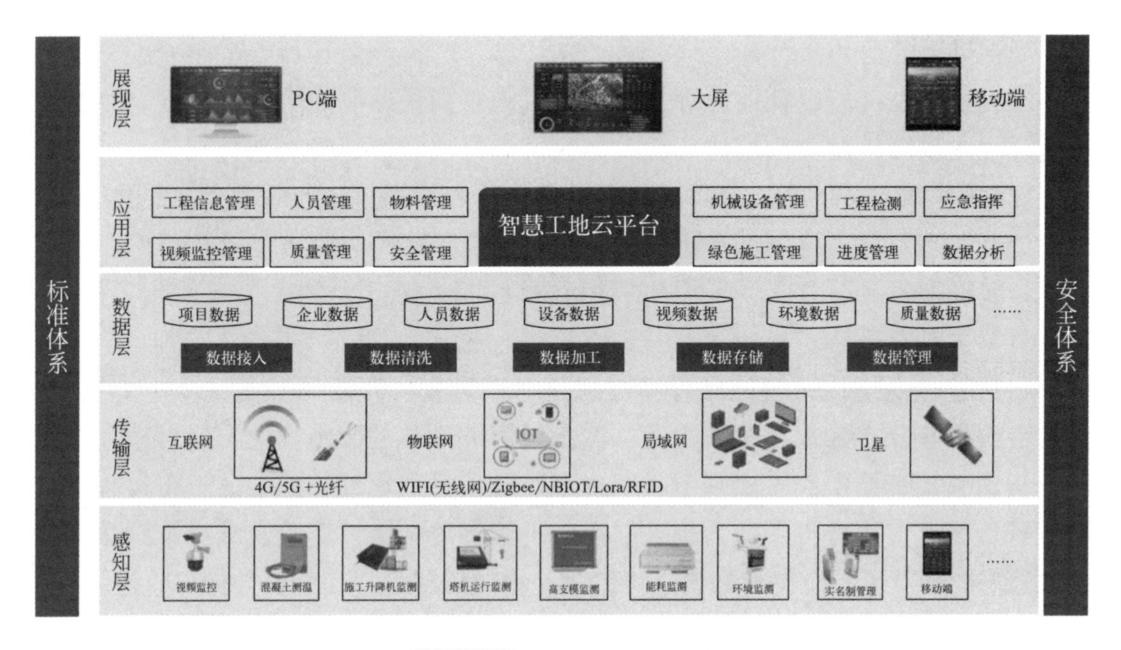

图2-3-2 智慧工地解决方案

（3）安全管理系统

安全管理系统主要采用“大数据+移动应用”的模式，通过隐患排查与治理、危险源管理、危险性较大的分部分项工程专项管控等，为管理人员提供安全管理抓手，将简单应用、高效管理的手段深入现场一线，确保各项安全管理措施及制度落地。基于大数据分析与精准指标，可实现过程可预警、结果可分析，最终达到施工现场“零”安全事故的目标。安全管理系统可实现对项目风险分级管控、隐患排查治理、危险性较大的分部分项工程管理和安全资料管理。

（4）技术管理系统

技术管理系统主要通过集成方案管理、图纸变更管理及 BIM 应用等的施工技术策划和执行管理功能模块，实现提升现场技术管理水平，减少技术问题导致的返工及各种项目风险，提升企业与项目整体收益。技术管理系统具体包括方案管理、技术交底、变更管理和构件跟踪管理等方面。

（5）成本管理系统

成本管理系统主要以施工总承包的成本业务为核心，结合 BIM 模型与生产进度，以目标责任成本为切入点，从源头和过程把控风险，积累项目数据，完善企业成本数据库，指导项目成本管理规范化、精细化、科学化。

成本管理系统从成本数据库管理、预算分解、成本编制、成本策划到成本核算分析，实现项目成本动态管控。

（6）进度管理系统

进度管理系统可以辅助管理人员在项目施工前快速制定合理的进度计划，在施工过程中实时计算关键线路变化，及时准确提出预警风险，指导纠偏，最终达到有效缩短工期、节约施工成本、降低履约风险、增强企业和项目竞争力的目的。

进度管理系统主要体现在进度编制和进度监控两个方面，结合项目综合管理系统，使管理者足不出户，即可实时掌握项目进度情况。

（7）物料管理系统

物料管理系统通过智能硬件精准采集基础数据，包括材料编码、材料数量、供应商编码等，支撑现场材料收发、生产耗用等环节的降本增效；通过建立企业层分析中心、管控中心、规则中心实现企业对项目的集约管控；通过将过程采集数据进行深度应用分析，助力决策层智能决策，由制度、经验驱动决策到数据驱动决策。物料管理系统包含物料进场验收、物料使用管理和用料分析与监控。

（8）劳务管理系统

劳务管理系统主要通过依托物联网、大数据、云服务等多种技术组合封装形成闭环产品，构建工人大数据库，为工程项目提供一个全面用工记录、实时动态监控的劳务管理平台，可对现场劳务人员实现从实名登记、安全教育、出勤管理、人员定位、用工评价等全方位的管理。劳务管理系统主要体现在实名制登记、安全教育、现场管理和劳务评价四个方面。

提 升 篇

第3章 装配式结构工程施工工作难点及解析措施

3.1 生产运输

3.1.1 预制构件制作工艺的选择

◎**工作难点：**预制构件制作工艺一般包括移动模台工艺、固定模台工艺、钢筋加工工艺及预应力工艺等，对各类构件制作工艺特点的认识不足，导致构件生产线投入的错误导向，降低了预制构件生产效率及质量，最终影响了构件生产单位的市场竞争力。

解 析

1. 预制构件生产线简介

（1）移动模台生产线

移动模台生产线是典型的流水生产组织形式，是劳动对象按既定工艺路线及生产节拍，依次通过各个工位，最终形成产品的一种组织方式。

移动模台生产线可以实现集中养护，节约能源，降低能耗；机械化程度高，可实现程序控制；工序衔接紧凑，用人较少，可提高生产效率；可以实现专业化作业，提高劳动效率；产品生产成本低，但尚存在前期设备投入成本高，后期设备维护成本高；对构件外形要求高，厚度不宜过大；对生产管理、生产计划要求高等问题。

1）移动模台生产工艺流程图

移动模台生产工艺流程见图3-1-1，其基本流程包括模台清扫、画线、喷涂隔离剂、组装模具、钢筋入模、浇筑混凝土（振捣）、拉毛或抹平、养护、翻转脱模等。

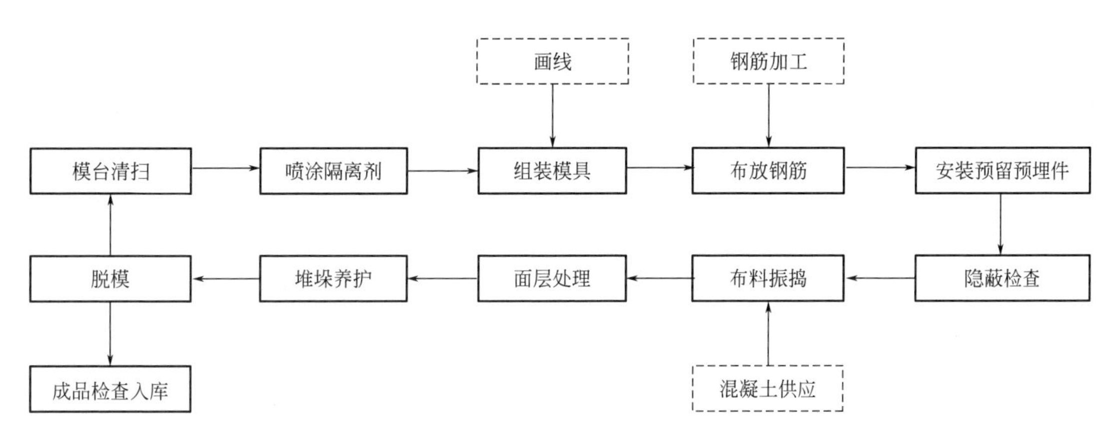

图 3-1-1　移动模台生产工艺流程

2）移动模台生产线所需配置设备见表3-1-1。

移动模台生产线配置设备一览表　　　　**表 3-1-1**

序号	设备名称	功能及用途
1	中央控制系统	用于控制设备运转、节拍控制、计划下达、数据统计等
2	清理装置①	用于移动模台、自动化流水线模台的自动清扫、清理
3	画线机②	用于在底模上快速而准确地画出边模、预埋件等位置，提高放置边模、预埋件的准确性和速度
4	自动拼模机械手③	画线机根据输入的构件信息在模台上进行标线，自动拼模机械手以标线为基准，抓取模具放置至指定位置并自动安装完成
5	喷涂机④	自动喷涂隔离剂
6	布料机	用于向构件模具内均匀定量布料（混凝土）
7	振捣系统	将布料完成后的模台中混凝土振捣密实
8	叠合板拉毛机	对构件上表面进行拉毛处理，以保证粗糙面
9	抹平机⑤	用于混凝土表面抹平
10	码垛机	用于移动模台在养护窑内存取
11	养护窑	智能温控，经过静置、升温、恒温、降温等几个阶段，使构件混凝土强度达到要求
12	翻转设备⑥	模板翻转设备，主要用于双皮墙的制作
13	倾斜装置	模板固定于托板保护机具上，可将水平板翻转 85°～ 90°，便于构件垂直起吊
14	模台运转系统	模台移动设备系统，含驱动器、滑行轮、横移车等
15	钢筋网片加工中心	钢筋网片自动加工设备，批量化生产钢筋网片
16	钢筋桁架加工系统	桁架钢筋成型专用设备，钢筋矫直、弯曲、焊接等一次完成
17	钢筋成品运输系统⑦	钢筋网片及钢筋桁架自动运输至模板内

注：①、④、⑤为可选设备；②、③、⑦为智能化生产设备；⑥为双皮墙生产专用设备。

（2）固定模台生产线

固定模台生产线包括模台、模具、混凝土布料机或料斗、移动式振动器及构件养护系统等。

其生产工艺特点为固定模台生产工艺启动资金少、见效快，具有应用范围广、通用性强的特点，可生产各种标准化构件、非标准化构件和异形构件。但其生产方式为模台和模具固定不动，作业人员和钢筋、混凝土等材料在各个模台间“流动”，大部分作业以手工操作为主，工效低、用工量偏大，且每个模台要配有蒸汽管道和独立覆盖，蒸养作业较为分散，养护能源浪费大，成本高。

固定模台生产工艺流程见图3-1-2。

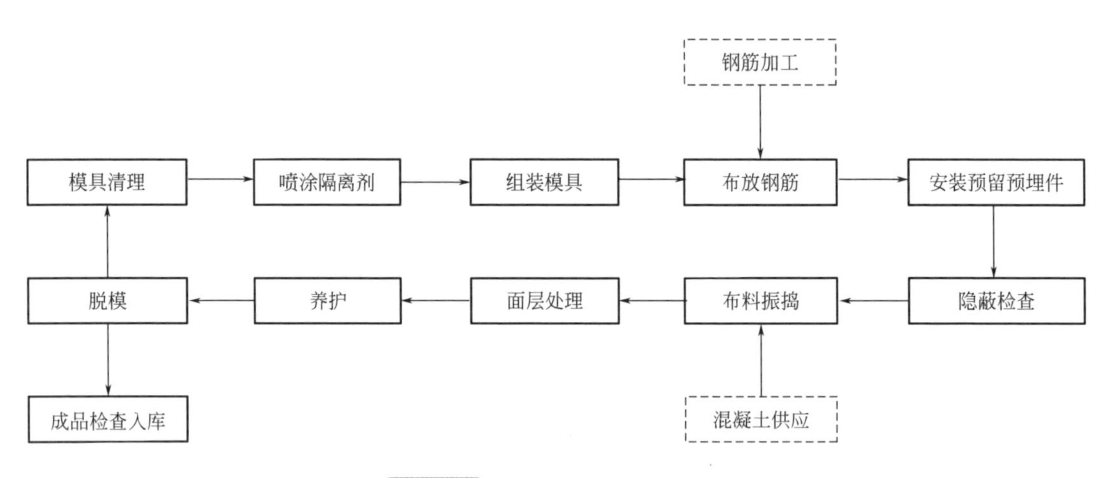

图3-1-2 固定模台生产工艺流程

固定模台一般采用钢制模台，也可采用高平整度、高强度的钢筋混凝土、超高性能混凝土或水泥基材料模台。常用钢模台尺寸包括3.5m×9m、4m×9m、4m×12m等。因生产的产品特殊性，正常墙板类产品每块模台有效使用面积约70%，一些特殊异形构件可能仅到40%～50%，因此，要获得较高的产能，生产需要较多的模台。设计时厂房面积应满足模台摆放、作业空间和安全通道的面积。

固定模台作业大部分依赖起重吊车，工艺设计时，起重机起重吨位和配置数量应满足生产要求，年产量越高，对起重机的起重吨位及数量要求越高。

固定模台生产完构件后可自然养护，也可在原位通蒸汽养护。采用原位通蒸汽养护时，每个固定模台要配有蒸汽管道和自动控温装置，既可以直接覆盖篷布养护，也可以使用移动式覆盖棚、覆盖罩等来保温覆盖养护。

（3）钢筋加工生产线

钢筋加工涉及钢筋调直、切断、弯曲成型、组装骨架等环节。钢筋加工有全自动、半自动和人工三种工艺。

1）全自动钢筋加工

全自动钢筋加工主要通过生产管理系统使用交换数据传输控制智能钢筋加工设备完成钢筋调直、切断、弯曲、成型等环节工作（图3-1-3）。全自动钢筋加工全过程仅需少量人工参与，可提高效率、减少人工、降低损耗，但适合标准化程度高、相对简单的钢筋加工成型，同时设备造价较高，维护成本也较高。目前全自动加工的有钢筋网片、钢筋桁架、箍筋等，主要应用在叠合楼板、双面叠合剪力墙等构件的钢筋生产过程中。

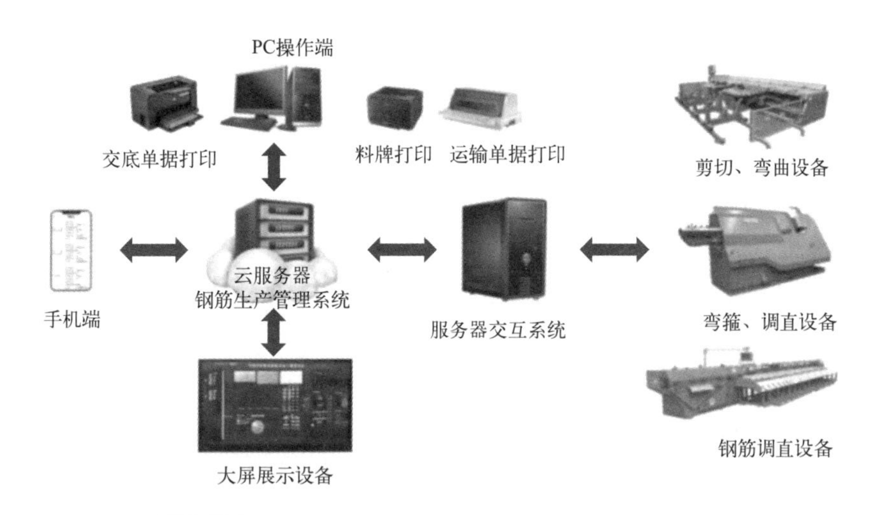

图3-1-3　钢筋加工自动化系统（含数据互联系统）示意图

2）半自动钢筋加工工艺

半自动钢筋加工工艺是目前最常用的钢筋加工工艺，通过数控钢筋加工设备完成钢筋的调直、切断、弯曲成型，再采用人工绑扎焊接等方式组装成钢筋骨架。目前常用数控钢筋加工设备包括数控钢筋调直机，实现在线长度自动快速调节，不同长度钢筋多任务作业；钢筋下料机，通过计算机控制调直、切断、收集等操作；数控钢筋弯箍机，自动完成钢筋矫直、定尺、弯箍、切断等工序。

半自动钢筋加工生产线自动化程度的选择应符合当前生产线的实际需要，对于全自动叠合楼板生产线或双面叠合剪力墙生产线，建议配置全自动钢筋加工生产线，若自身条件限制或当地有钢筋配送中心，可以在当地采购网片和桁架，从而减少成本投入并减小厂房占地要求；对于移动模台生产线或固定模台生产线，半自动钢筋加工生产线一般已能满足生产要求。

（4）预应力构件生产线

预应力构件生产线适用于预应力叠合楼板、预应力空心楼板、预应力双T板及预应力叠合梁等先张法预应力构件。

先张法预应力生产工艺流程见图3–1–4。

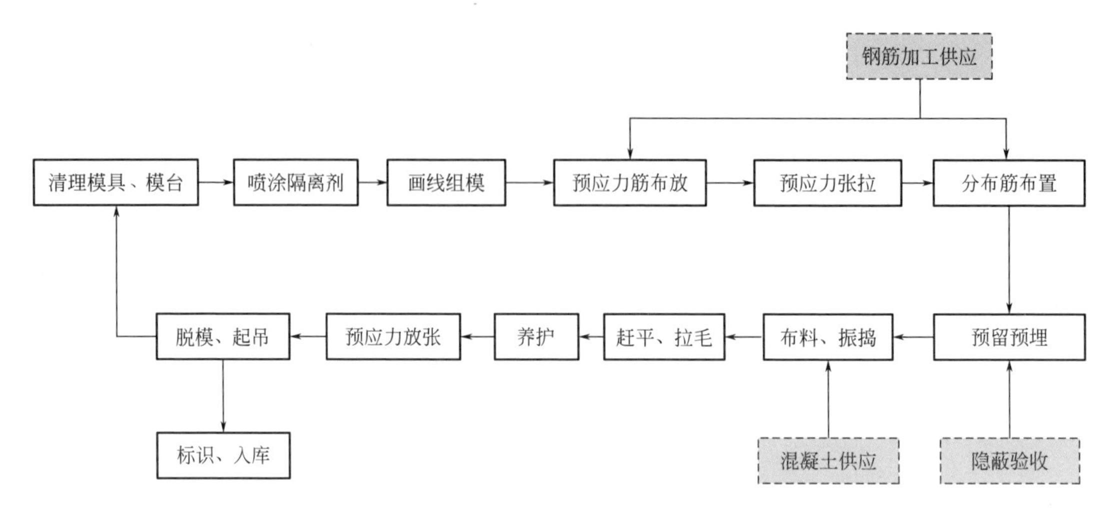

图3–1–4　先张法预应力生产工艺流程

先张法生产可分为长线法和短线法生产工艺（图3–1–5）。

(a)　　(b)

图3–1–5　先张法预应力生产工艺

（a）长线法；（b）短线法

1）长线法生产工艺

对于长线法，其主要设备包括预应力筋张拉设备及台座。常用的预应力筋张拉设备按工作原理有液压张拉设备、螺杆张拉设备、卷扬机张拉设备，最常用的采用液压式，液压式又分拉杆式（单束）、穿心式（整束或单束）、台座式（整束）等（图3–1–6）。

图3-1-6　先张法预应力筋张拉设备

（a）拉杆式；（b）穿心式；（c）台座式

张拉台座承受预应力筋的全部张拉力，因此，台座应有足够的承载力、刚度和稳定性。台座按构造形式不同，可分为墩式台座与槽式台座（图3-1-7）。

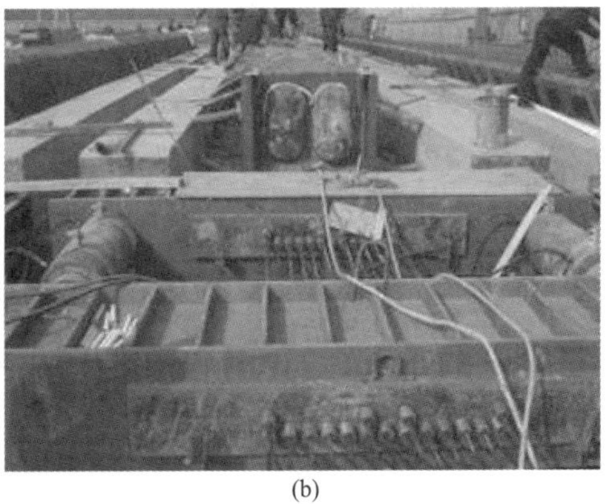

图3-1-7　长线法张拉台座

（a）墩式台座；（b）槽式台座

墩式台座由承力台墩、台面与横梁组成，其长度宜为100 ~ 150m，台座的承载力应根据构件张拉力的大小，设计成200 ~ 500kN/m；台座的宽度主要取决于构件的布筋宽度，并考虑张拉和浇筑混凝土是否方便，一般不大于2m；在台座的端部应留出张拉操作场地和通道，两侧要有构件运输与堆放场地；承力台墩一般由现浇钢筋混凝土做成，应具有足够的承载力、刚度和稳定性（抗倾覆和抗滑移）；台面一般是在夯实的碎石垫层上浇筑一层厚度为60 ~ 100mm的混凝土而成，台面伸缩缝可根据当地温差和经验设置，一般约10m设置一条，也可采用预应力混凝土台面，可不留施工缝。

槽式台座由钢筋混凝土压杆、上下横梁和台面等组成，既可承受张拉力，又可作为蒸汽养护槽，适用于张拉吨位较大的大型构件。台座的长度一般不大于76m，宽度随构件外形制作方式而定，一般不小于1m。为便于运送混凝土和蒸汽养护，槽式台座一般低于地面。

目前，预应力混凝土叠合板的制作采用多个钢模台拼接成长线台座，预张拉后再单根张拉或整体张拉、最后整体放张的工艺，只适合固定台座张拉，由模台外的混凝土基础及张拉构件承载持荷，不能适用于模台循环流转的环形生产线或“游牧式”预制技术中。

2）短线法生产工艺

短线法生产工艺原理：首先预应力高强钢丝套上钢环垫片，两端做镦头处理，可以形成简单易行的钢丝镦头锚。在钢模台上按设计要求设置若干平行排列设置的预应力钢丝，预应力钢丝一端由设置在钢模台上的锁筋板固定，另一端由设置在钢模台上的活动张拉板固定。两根高强精轧螺纹钢筋与活动张拉板连接固定，该精轧螺纹钢筋穿入固定在钢模台端部的固定端板，通过两台电动液压千斤顶对高强精轧螺纹钢筋带动多根钢丝同步整体张拉，并锁紧螺母保持设计所需的张拉力。

短线法预应力叠合板生产线具有以下优势：采用单模台非预张整体张拉装置，只需要一次整体张拉，无需预张拉。整体张拉和放张，效率可大大提高；镦出的蘑菇形头部和特制垫片在颈部可间接起到锚固的作用，加强了预制部分和现浇部分连接的牢固程度；长线法需浇筑大体积的混凝土基础来承受张拉载荷，短线法由单个钢模台自身持荷，节约成本；短线法具有可移动性，可随模台移动，解决了“游牧式生产”的最大技术难点，可以进入养护窑养护，提高了生产效率，尤其解决了以模台沿滚道环形封闭运转为特性的环形生产线上预应力张拉的实际应用问题。

2. 预制构件生产线的选择

国内常见的预制构件生产线主要包括移动模台生产线和固定模台生产线，并配套有钢筋加工生产线。若涉及预制预应力构件的生产，尚需配置预应力构件生产线。

国际上常见的预制构件生产线主要包括自动流水生产线和固定模台生产线，其中，自动流水生产线实质是高度自动化的移动模台生产线，通过计算机软件系统控制，将移动模台生产线和钢筋加工生产线进行串联，实现图样输入、模板自动清理、机械手画线、机械手组模、隔离剂自动喷涂、钢筋自动加工、钢筋机械手入模、混凝土自动浇筑、机械自动振捣、计算机控制自动养护、翻转机自动翻转、机械手抓取边模入库等全部工序均由机械自动完成，最大程度减少人工，实现彻底的自动化、智能化。但是，流水线高度自动化也带来了产品形式固定的问题，当前一般只能用于生产叠合楼板、双面叠合墙板及不出筋的实心墙板，与我国装配式混凝土建筑的预制构件需求有很大出入，使得其适用范围严重受限，且该类生产线一次性投入较大，且需要较高的管理水平和技术要求，因此，对其引进投产应持慎重态度。

对于新建预制工厂，构件生产线工艺可采用单一工艺或多工艺灵活组合方案，例如：

（1）单固定模台生产线工艺。固定模台工艺可生产各种构件，灵活性强，适应各类实际工程。

（2）单移动模台生产线工艺。专业生产标准化的板式构件，如叠合楼板等。

（3）单移动模台生产线工艺+部分固定模台生产线工艺。移动模台生产板式构件，设置部分固定模台生产复杂构件。

（4）双移动模台生产线工艺。布置两条移动模台生产线，各自生产不同的产品，均发挥最高效率。

（5）预应力生产线工艺。在有预应力构件（如预制预应力底板、预制预应力叠合梁）需求时才上预应力生产线。当市场需求量较大时，可以建立专业工厂，仅生产预应力构件，也可以作为其他生产工艺工厂的附加生产线。

3.1.2　预制构件生产前准备工作

◎**工作难点：**预制构件生产前准备工作不足，影响构件生产进度及质量。

解析

预制构件生产前准备工作主要包括：加工详图及生产方案编制、技术交底及人员培训、原材料及配件进场、设备检查调试等。

1. 加工详图及生产方案编制

预制混凝土构件工艺详图，又称构件深化图或构件加工图，是在构件生产加工过程中，用图样的方式确切表达构件的几何形状、规格尺寸、构造形式和技术要求等的技术文件。

工艺详图在装配式建筑的设计基础上进行了二次设计，预制构件生产工厂依据图纸对装配式建筑进行解读和理解，并根据详图开展原材料采购、工艺设计、成本核算等工作。

工艺详图包括：预制构件模板图、配筋图；满足建筑、结构和机电设备等专业要求和构件制作、运输、安装等环节要求的预埋件布置图；面砖或石材的排板图，夹心保温外墙板内外叶墙拉结件布置图和保温板排板图等。

预制构件生产前应编制生产方案，生产方案宜包括生产计划及生产工艺、模具方案及计划、技术质量控制措施、成品存放、运输和保护方案等，必要时，应对预制构件脱模、吊运、码放、翻转及运输等工况进行计算。冬期生产时，可参照现行行业标准《建筑工程冬期施工规程》JGJ/T 104的有关规定编制生产方案。

预制构件生产前应根据确定的生产方案，编制相关生产计划文件，包括构件生产总体计划、模具计划、原材料及配件进场计划、构件生产计划及物流管理计划等。

2. 技术交底及人员培训

预制构件生产前，应由建设单位组织设计、生产、施工单位进行设计文件交底和会审。交底内容主要是针对项目中各类构件项目概况、设计要求、技术质量要求、生产措施与方法等方面进行一系列较为详细的技术性交代。工厂内部也必须技术交底，交底的对象涉及生产的所有部门和人员，应分层次交底，直到班组操作工人。

预制构件生产前，应对相关岗位的人员进行技术操作培训，使其具备各自岗位需要的基础知识和技能水平。对有从业证书要求的，还应具有相应证书。

3. 原材料及配件进场

预制构件生产企业应明确原材料进货检验的取样、检验、记录、报告、入库、资料归档等作业程序和作业要求。

所有原材料进厂需先检验材料的产品合格证、出厂检验报告、使用说明书等文件，查验生产日期是否在质保期内，资料齐全后，再进行目测检验原材料的外观质量及包装质量，以上项目均检验合格后，再复验数量，取样送检。

原材料的检验与试验均需按要求进行检验，做好检验记录，开具检验报告，检验合格后才允许使用。

各类原材料、产品堆放标识及检验状态标识清晰，避免造成不同品种、规格的材料混堆。

4. 设备检查调试

预制构件生产前，应对各种生产机械、设备进行安装调试、工况检验和安全检查，确认其符合相关要求。

3.1.3 预制墙板生产工艺

◎**工作难点：**预制墙板，尤其是带保温层的夹心墙板，其保温连接件的生产工艺较为复杂，应重点关注。

解析

1. 根据产品、预埋件类型特点选择反打法、正打法工艺

使用平模法生产墙板时可采用反打法、正打法两种工艺。

反打法是将外墙板的外表面在下，内表面在上进行生产的方法，是国内墙板常用的生产工艺，在欧洲被称为标准工艺，对外表面有装饰要求的墙板优点较为突出。反之，将外墙板的内表面朝下，用吸附式固定工装（磁性吸盘等）把预埋件、灌（出）浆孔吸附在模台上进行生产，即正打法。因室外表面埋件较少，可减少表面收光的难度，提高效率，特别适合自动流水线生产。预制墙板正打法安装示例见图3-1-8。

图3-1-8 预制墙板正打法安装示例图

2. 拉结件产品及安装

目前常用的拉结件有两种：一种是预埋式金属拉结件（哈芬拉结件），另一种是插入式纤维增强复合塑料拉结件（FRP拉结件）。

（1）哈芬拉结件的安装

采用预埋方式，即浇筑外叶板混凝土前，埋设完成。

筒状拉结件MVA安装：把钢筋插入MVA底部的一排圆孔，调整组件，使拉结钢筋与钢筋网内底层钢筋平行。把钢筋插入上面一排圆孔，与底层拉结成90°角并平行于钢筋网的上层钢筋。将拉结件MVA旋转45°，使得底部钢筋滑到钢筋网底部钢筋下面，顶部钢筋滑到钢筋网顶部钢筋上面，不需要将拉结钢筋与钢筋网绑扎。把准备好的墙板外叶面钢筋放到模板内，筒状拉结件MVA安装见图3-1-9。

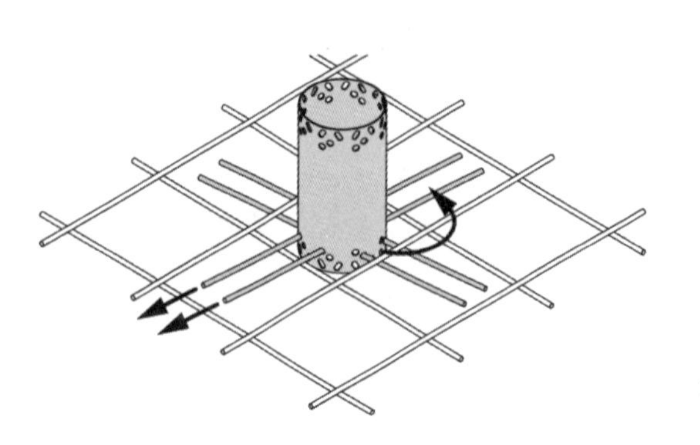

图3-1-9 筒状拉结件MVA安装示意图

片状拉结件FA安装：把中间弯曲30°（L=400mm）的两根钢筋插入拉结件最上面一排圆孔的最外面两个孔内。把拉结件安装在钢筋网上的设计位置处。穿过拉结件最底部一排圆孔，从钢筋网下面插入钢筋。把弯曲过的钢筋旋转到水平面并绑扎到钢筋网上。片状拉结件FA安装见图3-1-10。

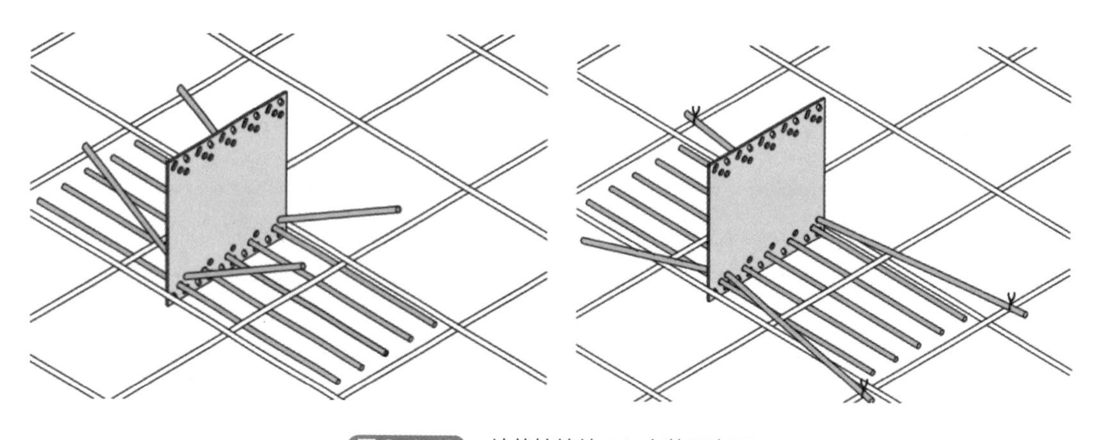

图3-1-10 片状拉结件FA安装示意图

支承拉结件SPA-1和SPA-2安装：把一根或者两根拉结钢筋（取决于拉结件类型）插入拉结件顶部弯钩内拉结钢筋居中固定，支承拉结件SPA-1和SPA-2安装见图3-1-11。

限位拉结件SPA-N型安装：按下拉结件，使其穿过保温层，进入饰面层的松软混凝土内，插入深度需要符合最小埋深的要求。限位拉结件SPA-N型安装见图3-1-12。

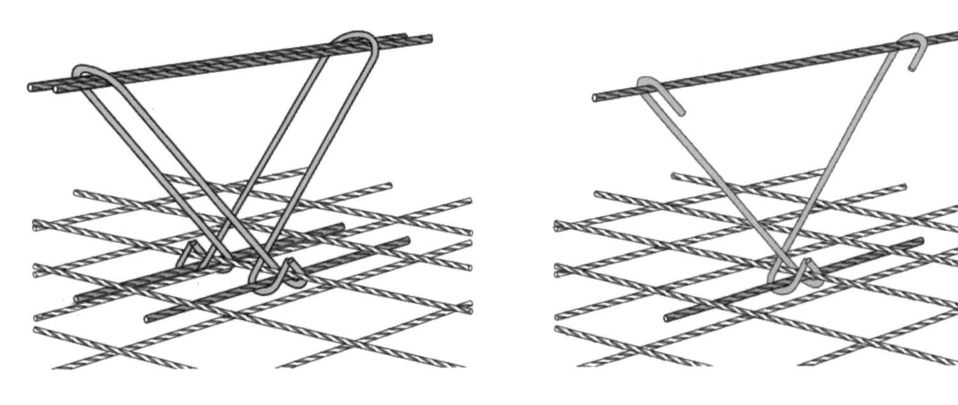

图 3-1-11 支承拉结件 SPA-1 和 SPA-2 安装示意图

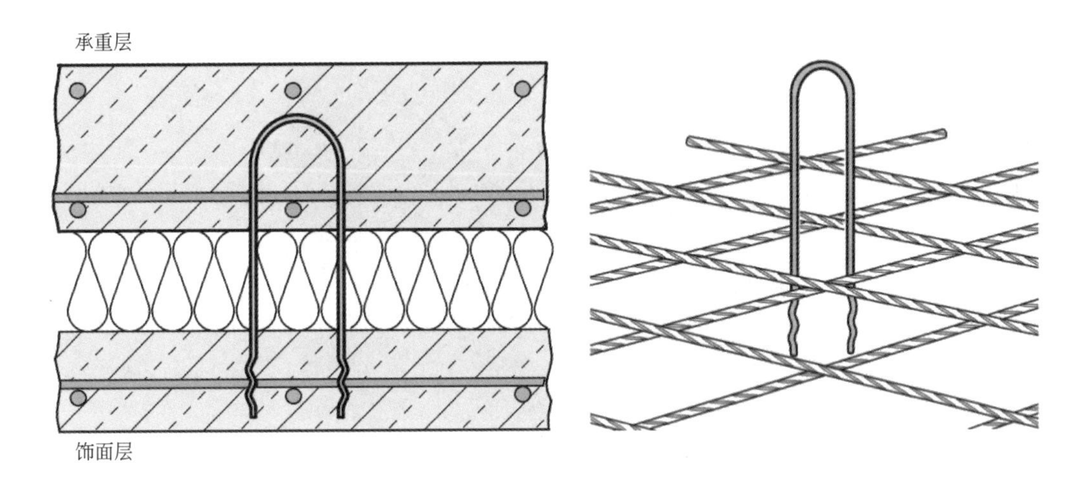

图 3-1-12 限位拉结件 SPA-N 型安装示意图

（2）FRP拉结件的安装

FRP拉结件安装采用插入式埋设，即在外叶板混凝土浇筑完成，于混凝土初凝前插入拉结件，FRP拉结件安装见图3-1-13。

生产时要掌握插入时间，防止插不进或插入后握裹不实；必须保证插入的有效锚固长度。

连接的保温板应预先留置连接孔，不得采用安插式，防止破碎的保温板颗粒进入混凝土，减弱混凝土的握裹力，造成安全隐患。

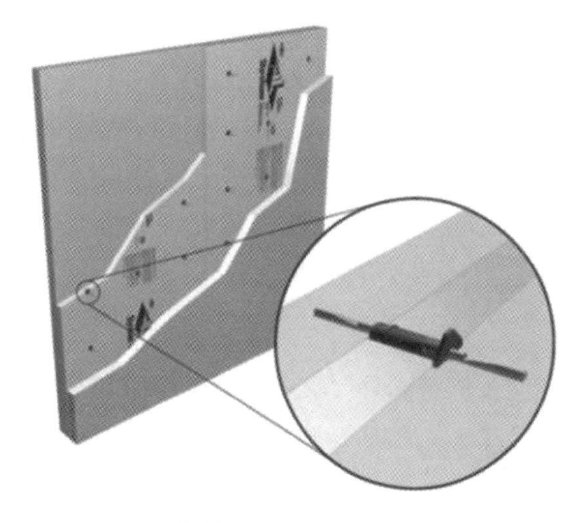

图 3-1-13 FRP 拉结件安装示意图

拉结件一般采用矩阵式排列，间距一般为400 ~ 600mm，距边模100 ~ 200mm，与钢筋网片冲突时微调钢筋间距。

3.1.4 预制墙板生产质量控制

◎**工作难点1：** 预制墙板内竖向钢筋连接采用了半灌浆钢套筒工艺（图3–1–14），小直径半灌浆钢套套筒（钢筋直径为12 ~ 18mm）平行工艺检验的试件单向拉拔容易出现不合格，带丝牙的钢筋端从套筒中拔出，不满足《钢筋套筒灌浆连接应用技术规程（2023年版）》JGJ 355的质量要求。

图3–1–14 预制墙板构件中半灌浆钢套筒的应用

解析

半灌浆钢套筒工艺中钢筋一端先绞丝直螺纹，后与带内丝的钢套筒连接。由于供应至市场的小直径钢筋一般为保证钢筋力学性能指标值，采用了钢筋直径负偏差而抗拉强度偏高供货；同时当预制墙板加工周期短，钢筋滚丝后与钢套筒连接工作量大，难以做到钢筋滚丝后逐根采用螺纹环规进行加工质量检查等原因，造成试件质量不合格。

对于预制墙板内的小直径钢筋灌浆连接钢套筒，尽量采用全灌浆钢套筒。

◎**工作难点2：** 预制墙板连接灌浆套筒固定在模台的边模上固定不牢固，导致混凝土浇筑振动时套筒移动脱离钢边模，构件出厂后施工现场安装预制墙板时检查发现钢套筒底面凹入墙板端面10 ~ 20mm，影响了钢筋锚入钢套筒的有效长度（不小于8d）的规定值。

解析

生产前，定期检查固定钢套筒于钢边模上的内胀橡胶塞的老化状态，若发现因反复蒸汽养护导致橡胶塞老化丧失弹性的，应及时更换，并加强对固定钢套筒的内胀橡胶塞的安装质量检查。

◎工作难点3：预制墙板预留竖向连接钢筋弯曲变形，运输至施工现场安装时，上层预制墙板内钢筋连接钢套筒不能对位，会引起割除竖向连接钢筋的重大质量问题。（图3-1-15）

图3-1-15　竖向连接钢筋因拆模不当弯曲

解析

由于边模设计不合理或野蛮拆模，导致外伸出的竖向连接钢筋弯曲，出厂未做垂直度检查和校正。建议在模具设计时采用分片设计，上下对合拼装边模方式；生产过程加强控制，拆模时不得野蛮作业，并在预制墙板构件出厂时重点检查连接钢筋的垂直度，做好校正。

◎工作难点4：预制墙板侧边与现浇混凝土后浇带的结合面毛面处理不够，特别是外墙预制板易造成新老混凝土接合不好，形成渗漏施工质量问题，并可能影响装配式混凝土结构的整体性。

解析

根据对预制构件不同结合面处理的抗剪承载力试验研究结果，在相同混凝土强度等级、相同结合面配筋的情况下，不同结合面处理方法的抗剪承载力由大到小排序依次为：整体现浇、水洗露骨料、气泡膜成型、凹槽与凹坑、花纹钢板成型（图3-1-16）。露骨料结合面试件的荷载为整体现浇试件的95% ~ 100%，气泡膜成型结合面试件的荷载为整体现浇试件的73% ~ 85%，凹槽与凹坑结合面试件的荷载为整体现浇试件的58% ~ 76%，花纹钢板成型结合面试件的荷载为整体现浇试件的39% ~ 44%。

对于预制外墙板的侧面，建议采用水洗骨料的毛面方式处理；对于预制内墙板的侧面，可采用气泡膜或凹槽与凹坑组合的毛面方式处理。

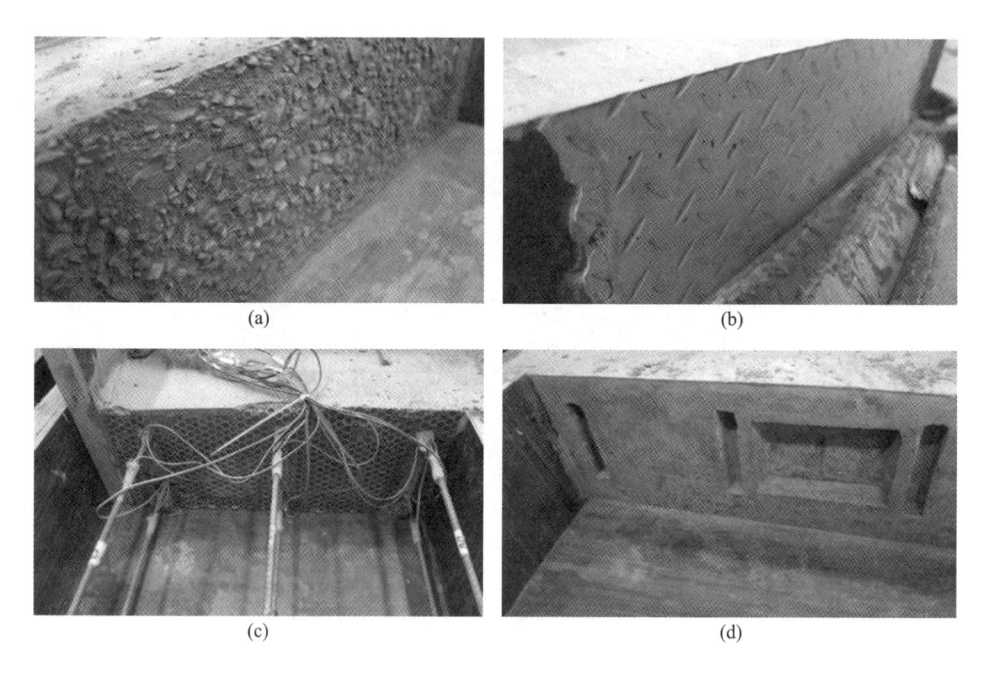

图3-1-16 预制墙板侧边粗糙面处理

（a）水洗露骨料；（b）花纹钢板；（c）气泡膜成型；（d）凹槽与凹坑组合

3.1.5 预制梁生产质量控制

◎**工作难点：**预制梁生产时侧边的箍筋保护层控制难度大及起吊易损坏和发生安全事故。

解析

1. 梁侧边的箍筋保护层宽度是保证现场叠合板安装搁置的关键，在生产时应通过工装限位进行控制，工装限位板安装见图3-1-17。

图3-1-17　工装限位板安装示意图

2. 对于分段式梁起吊时，应采用专用吊具，防止梁在吊运时破坏或发生安全事故。可调式专用吊具见图3-1-18。

图3-1-18　可调式专用吊具

3.1.6　预制叠合板生产质量控制

◎工作难点1： 预留预埋定位控制和产品起吊控制。

解析

1. 预留预埋定位控制：叠合板吊环布置到位后，用扎丝与楼板钢筋绑扎牢固；采用桁架筋起吊的应在吊点位置按图纸要求安装加强筋，并在显著位置标注吊点位置；线盒采用橡胶定位块固定在指定位置，用胶带封住线盒的接头；洞口的预留采用工装进行固定，预留预埋定位控制见图3–1–19。

2. 产品起吊控制：确认板达到要求强度后方可起吊，对于尺寸较大、异形等特殊的板应采用专用起吊器械，不可用起吊设备直接起吊，叠合板起吊控制见图3–1–20。

图3–1–19 预留预埋定位控制

图3–1–20 叠合板起吊控制

图3–1–21 测量预制板钢筋桁架高度

◎**工作难点2：** 预制板的钢筋桁架上弦筋顶面超过设计高度，该高度是预制板构件出厂和进入施工现场重点检查的内容（图3–1–21）。由于钢筋桁架上弦筋超高后，会引起现场绑扎叠合楼板面层双向钢筋时易超过规定设计高度，直接导致叠合浇筑混凝土楼板面层时超过规定厚度，其“后遗症”为导致预制墙板安装面的标高不对，导致竖向连接钢筋伸入钢套筒的锚固长度不够。

解析

在流水线的移动模台或固定模台上预制叠合板时，因为混凝土浇筑时振动造成钢筋桁架上浮。采用型钢梁按钢筋桁架设计高度压住钢筋桁架（图3-1-22），使得混凝土布料后模台振动时钢筋桁架高度不变，保证钢筋桁架预制板构件的质量。

图3-1-22　型钢梁压住钢筋桁架振动混凝土

◎**工作难点3：预制板脱模出现板面裂缝。**

解析

该问题出现的原因主要为预制板的生产周期过短，混凝土养护时间不够，在混凝土强度不足的条件下起吊脱模，导致板面开裂；预制板脱模起吊方法不对，对跨度大的预制板未采用吊框多点起吊，导致预制板受力不合理而开裂。

避免出现此类问题的有效措施为：做好构件混凝土的覆盖和养护，做好脱模前混凝土强度检测，强度满足后方可起吊；规范起吊控制，对跨度大的预制板可采用吊框多点起吊（图3-1-23），也可减少预制板的开裂。

图3-1-23　大跨叠合板采用吊框多点起吊

对于有轻微裂缝的预制板界定：与预制板搁置支承方向平行的裂缝大于0.3mm的应做报废处理，对于裂缝超过

0.1mm和小于0.3mm的可采用低黏度环氧树脂压注修补，对于宽度小于0.1mm、长度大于300mm的裂缝可采用切槽，用聚合物水泥砂浆修补。

◎工作难点4：叠合楼板按双向板设计，侧模采用浅花纹钢板或点焊拉毛点处理，板边粗糙度不足（图3-1-24），影响施工现场叠合整体性，易造成叠合面开裂。

图3-1-24 预制板边粗糙度不足

解析

板边宜采用水洗工艺，边模上涂刷缓凝剂，脱模后用高压水冲洗板边，形成露出半骨料的毛面（图3-1-25），现场施工实践证明，该处理方法可提供后浇混凝土板带的新老混凝土结合力，并有效防止结合板缝的开裂。

图3-1-25 预制板边粗糙度良好

◎**工作难点5：**先张预应力叠合板构件在生产过程中对预应力钢丝或钢绞线的预应力值控制不精准，导致放张后预制板的反拱值不相等，施工现场安装后相邻预制板间有高差，板底不平整，直接影响了叠合楼板板底平整度。

解析

生产时，应加强对预应力筋张拉力的精准控制；与设计配合，适当调整预应力筋在预制板截面中的位置。

3.1.7　预制楼梯生产质量控制

◎**工作难点1：**预制楼梯（卧式）生产制作时对板底收光面的质量控制，起吊时的垂直、平衡控制以及翻转安全控制是预制楼梯卧式模具生产的控制重点。

解析

生产前要做好交底工作，规范操作动作，具体要求可参照如下：

1. 收光面的操作控制：用长于外楼梯板的刮尺，将表面进行赶平，木抹子抹光平整基面；混凝土初凝后用铁抹子将表面抹平整，保证平整度小于3mm，收光面控制见图3-1-26。

2. 起吊时的垂直、平衡控制以及翻转安全控制：确认预制楼梯达到要求强度后，使用对应吊具旋入预留螺栓吊点，固定牢固，桁车行至构件正中位置，保证起吊垂直，无倾斜，缓慢将预制楼梯吊离模具面。预制楼梯吊装控制见图3-1-27。

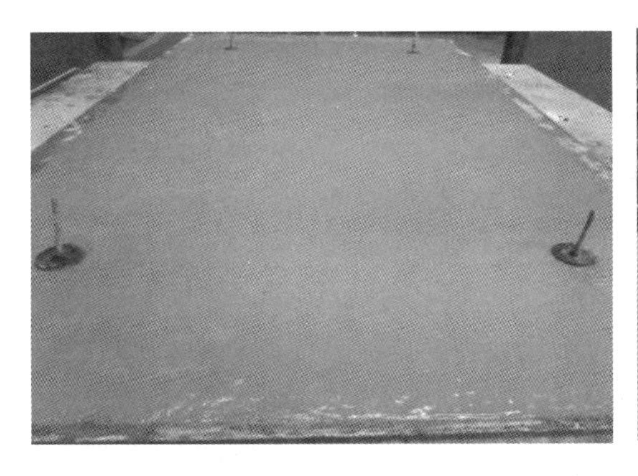

图3-1-26　收光面控制

图3-1-27　预制楼梯吊装控制

◎**工作难点2：**预制楼梯（立式）生产制作时，上侧面表面部分出现细小裂缝和下侧面、底部局部混凝土污染、疏松。

解析

图3-1-28 预制楼梯的立模立式生产

1. 预制楼梯采用立模立式生产（图3-1-28）。侧立面高度较高，模具内钢筋较密，最上段混凝土振捣浇筑时石子下沉造成的局部砂浆层，从而造成局部收缩裂纹。生产制作时，混凝土应分层布料浇筑。

2. 侧立模涂刷隔离剂量过多，底模因流淌造成的堆积，从而造成下侧面、底部局部混凝土污染、疏松。生产时，侧立模涂刷隔离剂时应注意涂刷量，防止流淌造成的堆积。

3.1.8 预制构件标识

◎**工作难点：**预制构件标识缺失或标识内容不全。

解析

1. 为保证工程质量管理和施工人员及时掌握装配式混凝土建筑工程预制构件质量信息，确保预制构件在施工全过程中质量可追溯，混凝土预制构件生产企业所生产的每一件构件应在显著位置进行唯一性标识，当前推广使用二维码标识，预制构件表面的二维码标识应清晰、可靠，以确保能够识别预制构件的“身份”。（图3-1-29）

图3-1-29 二维码标识

2. 二维码标识应包括以下信息：

（1）工程信息。工程信息应包括：工程名称、建设单位、施工单位、监理单位、预制构件生产单位。

（2）基本信息。基本信息应包括：构件名称、构件编号、规格尺寸、使用部位、重量、生产日期、钢筋规格型号、钢筋厂家、钢筋牌号、混凝土设计强度、水泥生产单位、混凝土用砂产地、混凝土用石子产地、混凝土外加剂使用情况。

（3）验收信息。检测验收信息应包括：验收时混凝土强度、尺寸偏差、观感质量、生产企业验收责任人、驻厂监造监理（建设）单位验收责任人、驻厂施工单位验收责任人、质量验收结果。

（4）其他信息。其他信息应包括：预制构件现场堆放说明、现场安装交底、注意事项等其他信息。

3. 二维码标识具有易损坏且一旦被遮蔽后则不能实现追踪，随之出现了无线射频芯片识别通信技术（Radio Frequency Identification，简称RFID）。该技术可通过无线电信号识别特定目标并读写相关数据，而无须识别系统与特定目标之间建立机械或光学接触，克服了二维码标识的缺陷。其可制成芯片预埋在预制构件中，详细记录构件设计、生产、施工过程中的全部信息。但由于电池技术的限制，其使用寿命相对建筑正常使用年限较短，一般为5 ~ 10年。RFID芯片浅埋在构件成型表面，埋设位置宜建立统一规则，便于后期读取识别，如：竖向构件收水抹面时，将芯片埋置在构件浇筑面距楼面60 ~ 80cm处，带窗构件则埋置在距窗洞下20 ~ 40cm中心处，并做好标记，脱模前将打印好的信息表粘贴于标记处，便于查找芯片埋设位置；水平构件一般埋置在构件底部中心处，将芯片粘贴固定在平台上，与混凝土整体浇筑。芯片埋设以贴近混凝土表面为宜，埋深不应超过2cm，具体以芯片供应厂家提供的实测数据为准。

构件标识仅是一种实现构件质量追溯的有效手段，但其不能完全代替工程档案，仍然需要建立隐蔽工程档案及现场相关信息档案，与标识一起，共同实现工程全过程信息的可追溯。

3.1.9　预制构件运输、堆放

◎工作难点1：预制叠合板在堆放、运输中易产生裂缝、断裂、破损等情况。

解析

1. 预制板叠放时需使用尺寸大小统一的木块衬垫，木块高度必须大于预制板外露桁架筋的高度。现场木块衬垫见图3-1-30。

2. 垫放位置：

（1）设计给出支点或吊点位置的，应以设计要求放置，垫木紧贴吊点位置放置。

（2）设计未给出支点或吊点位置的，宜在预制板0.2 ~ 0.25倍长度和宽度位置垫放垫木。

（3）长度超过4m的预制板宜采用多点垫放，多点木块垫放见图3-1-31。垫放时避免两端支撑垫木低于中间支撑垫木。

（4）形状不规则或复杂的预制板，垫放位置根据计算确定。

图3-1-30 现场木块衬垫

图3-1-31 多点木块垫放

图3-1-32 预制叠合板运输示意图

3. **运输**

运输采用平放运输方式，不宜超过6层，底部设通长垫木（或工字钢），木方的表面应考虑覆盖或包裹柔性材料；木方尺寸要统一；在预制构件与固定的保险带（或直径不小于10mm的天然纤维芯钢丝绳）接触部位宜采用柔性垫片，如橡胶皮等。预制叠合板运输见图3-1-32。

◎**工作难点2：预制墙板在堆放、运输中易产生裂缝、断裂、破损等情况。**

解析及措施

1. 预制墙板堆放采用插放或靠放方式，插放时通过专门设计的插放架，插放架应考虑覆盖或包裹柔性材料，同时有足够的刚度，并需支垫稳固，防止倾倒或下沉；采用靠放时，预制墙板外饰面、保温层不宜作为支撑面，倾斜度保持在5° ~ 10°之间，墙板搁支点应设在墙板底部两端处，搁支点可采用柔性材料，预制墙板堆放见图3-1-33。

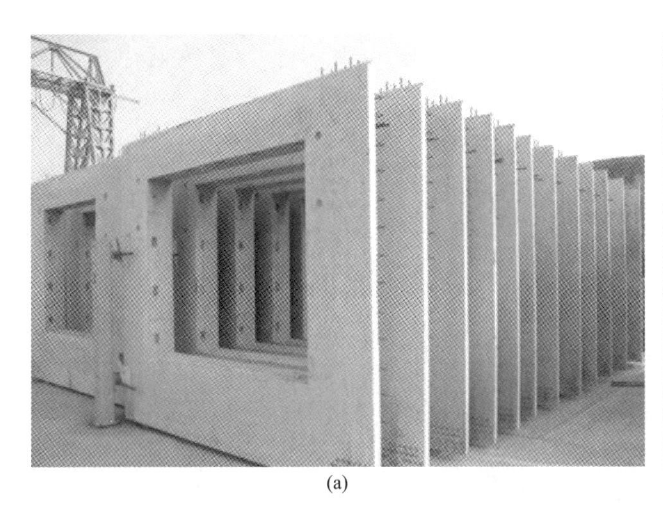

(a)

(b)

图3-1-33　预制墙板堆放示意图

（a）插放；（b）靠放

2. 预制墙板运输采用联排插放或背靠运输的方式，预制墙板运输见图3-1-34。

图3-1-34　预制墙板运输示意图

运输时，应注意以下几点：

（1）构件边角部位及构件与捆绑、支撑接触处，宜采用柔性垫衬加以保护；

（2）预制墙板等宜采用竖直立放运输，如采用背靠式运输架，则带外饰面的墙板装车时外饰面朝外，PCF墙板保温层朝外，并用保险带（或钢丝绳）加柔性垫片加固；

（3）联排插放运输架装运须增设防止运输架前、后、左、右四个方向移位的限位块，构件上、下部位均需有铁杆插销，构件之间宜采用柔性填充物塞紧保护。运输架每端最外侧上、下部位，装两根铁杆插销。外围采用保险带（或钢丝绳）加柔性垫片加固；

（4）部分洞口较大的墙板在装车前，宜采用槽钢等材料对洞口处进行加固，避免破损。

◎工作难点3：预制楼梯在堆放、运输中易产生裂缝、断裂、破损等情况。

解析及措施

1．预制楼梯宜平放，叠放时不宜大于4层；也可采用侧立存放方式；

预制楼梯叠放时需使用方木衬垫；垫放位置位于吊点位置下方，各层垫木的位置应在同一条垂直线上；

预制楼梯侧立存放时，存放层高不宜超过2层，并做好防倾倒措施。预制楼梯堆放见图3-1-35。

图3-1-35 预制楼梯堆放示意图

2．预制楼梯运输采用平放运输方式，不宜超过4层，底部设通长垫木（或工字钢），木方的表面应考虑覆盖或包裹柔性材料；木方尺寸要统一；在预制构件与固定的保险带（或直径不小于10mm的天然纤维芯钢丝绳）接触部位宜采用柔性垫片，如橡胶皮等。预制楼梯运输见图3-1-36。

图3-1-36 预制楼梯运输示意图

3.2　预制构件吊装

3.2.1　预制柱吊装

◎**工作难点：** 预制柱的落位点的控制、位置调节及固定等过程控制较为复杂，并直接影响预制柱的施工安装质量。

解析

1. 预制柱吊装流程

预制柱吊装流程为：施工前准备→定位抄平→预制柱初步就位→校正→可调斜支撑固定→卸扣。

宜按照角柱、边柱、中柱顺序进行安装，与现浇部分连接的柱宜先行吊装。

2. 预制柱落位点控制

预制柱的安装质量与落位点的精确控制存在着较大关系。一般而言，在预制柱吊装之前，通过水平仪测量，事先调节柱子底部的铁垫块或螺母，按同一基数值调好，允许偏差值为0 ~ 2mm，垫块式标高调节见图3-2-1。为进一步提高落位点标高调节的方便性和准确性，还可以预埋螺栓孔，通过拧螺栓调节柱底标高，预制柱直接坐落于螺栓上，螺栓式标高调节见图3-2-2。

(a)

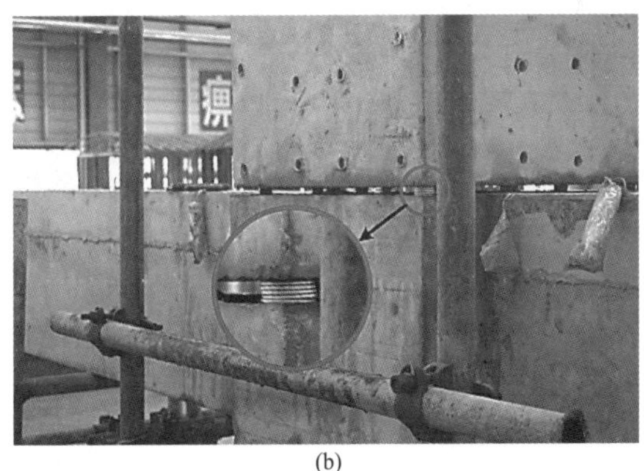
(b)

图3-2-1　垫块式标高调节

（a）放置螺母；（b）放置垫片

3. 位置调节及固定

预制柱落位后，应根据地面主控线（轴线）进行柱子水平位置调整，保证柱

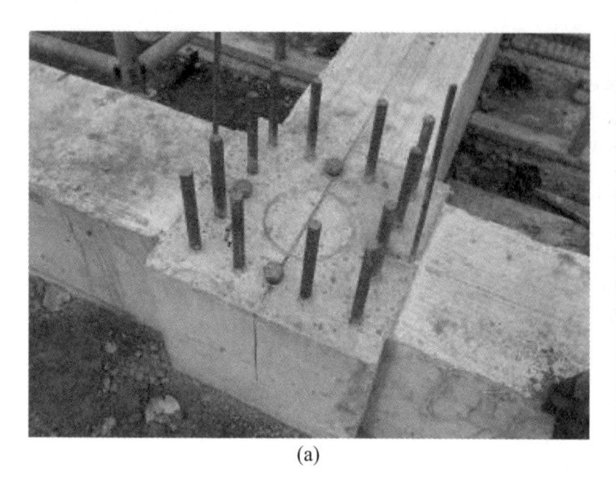

(a)

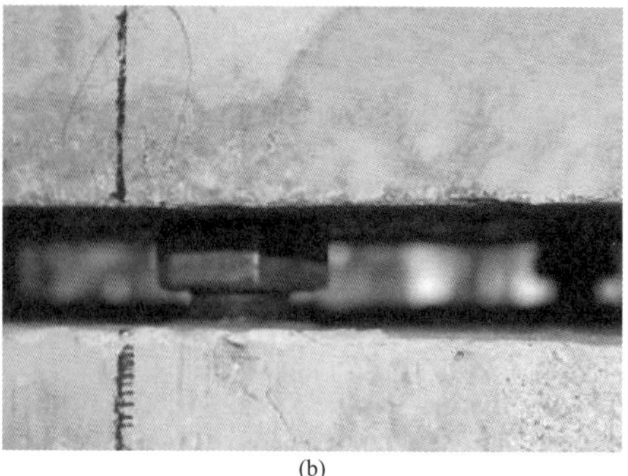

(b)

图 3-2-2 螺栓式标高调节

（a）预埋螺栓；（b）预制柱坐落于螺栓

子中心与轴线重合，尽可能确保中心偏差在 ± 3mm。常规方法使用撬棍等工具进行预制柱水平位置的移动，可能导致预制柱边角位置的损伤。因此，应尽可能使用专用的水平调节器进行操作，预制柱水平位置调节见图 3-2-3。

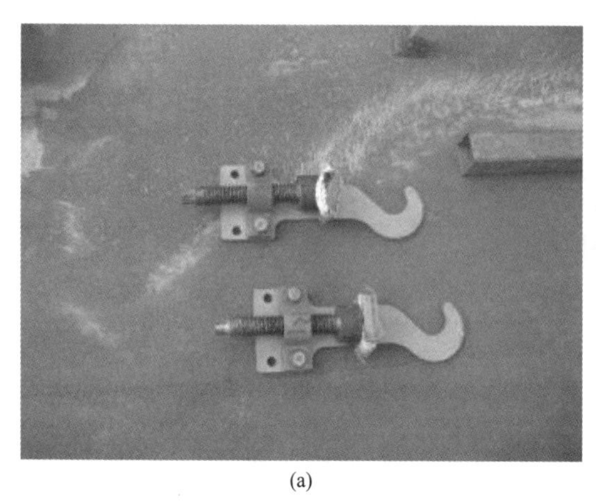

(a)

(b)

图 3-2-3 预制柱水平位置调节

（a）专用工具；（b）实际操作

预制柱落位后，应及时设置斜支撑。斜支撑初步固定后，可利用铅垂线、经纬仪、激光垂直仪等仪器，校核预制柱的垂直度，并通过调节斜支撑调整PC柱垂直度，固定斜支撑，最后才能摘钩。预制柱在安装斜支撑固定之前，塔式起重机不得有任何动作及移动。斜支撑应不少于2根，并应安装于预制柱的两个方向的侧面，且斜支撑与楼面的水平夹角不应小于60°，预制柱斜支撑支设见图 3-2-4。

图 3-2-4　预制柱斜支撑支设

3.2.2　预制梁吊装

◎**工作难点：**预制梁吊装的吊装顺序、节点钢筋避让、梁下临时支撑、吊索及固定等细节控制。

解 析

1. 预制梁吊装流程

预制梁吊装流程为：施工前准备→支撑架体搭设、调节→预制梁起吊→预制梁安装→位置精调→卸扣、完成安装。

总体而言，预制梁安装应遵循先主梁后次梁、先低后高的原则。由于预制梁往往坐落于支架上，且存在伸出钢筋等影响，其吊装容易出现问题，因此，应重视施工前准备工作，提高预制梁吊装的质量。

2. 施工前复核

预制梁吊装前，应复核柱钢筋与梁钢筋位置、尺寸，对预制梁钢筋与柱钢筋安装有冲突且难以通过现场手段调整的，应按经设计部门确认的技术方案调整。事先如果不做好足够的准备措施，轻则导致现场安装人员利用撬棍调整（图3-2-5），增加安全隐患风险，重则可能导致切割钢筋（图3-2-6）等现象出现，应给予足够的重视。

3. 梁下临时支撑

预制梁放置于支架上，支架的搭设质量直接影响到预制梁的安装精度和支撑有效性。因此，预制梁吊装前，应首先根据图纸确定支架的位置，然后进行组装。

按照图纸尺寸调整支架。设计无要求时，长度小于或等于4m时应设置不少于2道垂直支撑，长度大于4m时应设置不少于3道垂直支撑，梁底支撑标高调整宜高出梁底结构标高2mm。一般而言，宜在梁下设置专门的立杆用以支撑预制梁，主次梁交接位置处，宜设置一道立杆，梁下设置立杆见图3–2–7。在满足承载力和变形要求的情况下，亦可利用盘扣架的连接盘和特制的横梁作为梁下支撑，特制横梁支撑见图3–2–8。预制梁落位后，标高可通过下部支撑架的顶丝来调节。在确保现浇叠合梁混凝土强度达到设计要求，可承受全部设计荷载后，才可拆除支架。

图3–2–5　现场调整梁端钢筋

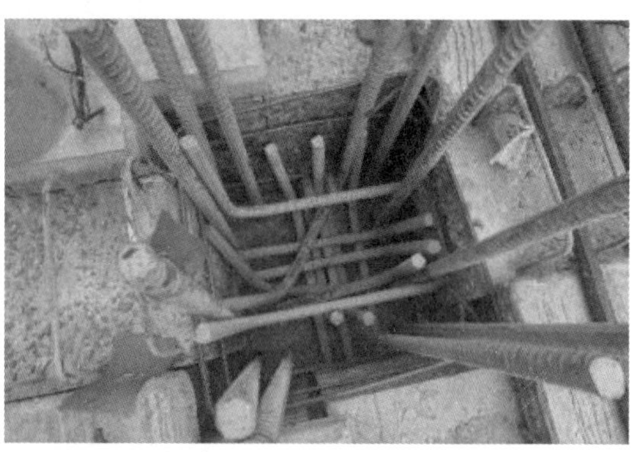

图3–2–6　节点部位切割钢筋

图3–2–7　梁下设置立杆

图3–2–8　特制横梁支撑

4. 吊索要求

预制梁一般采用两点起吊，预制梁两个吊点根据设计要求确定。应根据预制梁的尺寸及重量要求选择适宜的吊具，在吊装过程中，吊索水平夹角不宜小于60°，不应小于45°；预制梁长度过大，导致满足夹角要求的吊索长度过长时，应设置分配梁或分配桁架的吊具，并应保证吊车主钩位置、吊具及构件重心在竖直方向重合，预制梁吊索设置见图3–2–9。

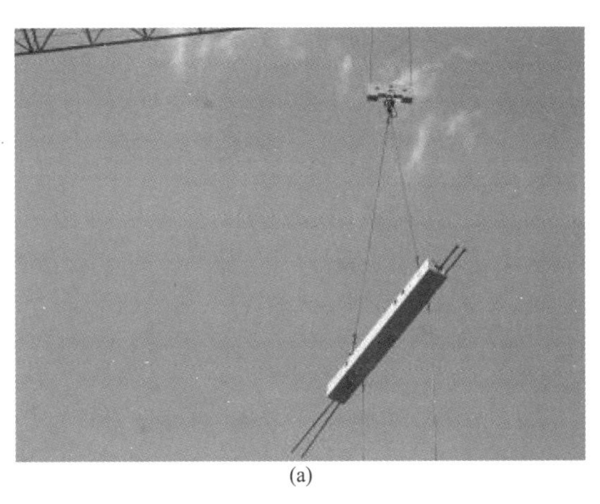
(a)

(b)

图 3-2-9　预制梁吊索设置

（a）直接挂钩；（b）采用分配梁

5. 临时固定

预制梁规格较小时，一般无需设置临时斜支撑固定，仅直接坐落于支撑架上。当预制梁规格较大，截面较高，后续施工可能产生干扰，导致预制梁不稳固时，应该设置临时斜支撑，以固定预制梁，提高安装质量，预制梁斜支撑见图3-2-10。

(a)

(b)

图 3-2-10　预制梁斜支撑

（a）搭设斜支撑；（b）斜支撑沿梁分布

3.2.3　预制叠合板吊装

◎**工作难点：**预制叠合板吊装的吊装顺序、板下临时支撑及吊索等细节控制。

解 析

1. 预制叠合板吊装流程

预制叠合板吊装流程为：施工前准备→预制叠合板起吊→预制叠合板吊运→预制叠合板初就位→预制叠合板安装→卸扣→位置精调。

一般而言，预制叠合板厚度在6 ~ 8mm，厚度较薄，吊装时应确保预制叠合板不发生损伤，防止出现裂缝。预制叠合板吊装应按照吊装顺序依次铺开，不宜间隔吊装。在混凝土浇筑前，应校正预制构件的外露钢筋，外伸预留钢筋伸入支座时，预留钢筋不得弯折；相邻叠合楼板间拼缝及预制楼板与预制墙板位置拼缝应符合设计要求并有防止出现裂缝的措施。施工集中荷载或受力较大部位应避开拼接位置。

2. 板下支撑

预制叠合板下，应设置顶撑，通过顶撑端部的木楞或其他横梁支撑预制叠合板，无需设置模板。预制叠合板的支撑搭设时，应在跨中及紧贴支座部位均设置由立杆和横撑等组成的临时支撑。当轴跨$L \leqslant 3.6$m时跨中设置一道支撑；当轴跨$3.6\text{m} < L \leqslant 5.4$m时跨中设置两道支撑；当$L > 5.4$m时跨中设置三道支撑。多、高层建筑中各层支撑应设置在一条竖直线上，以免板受上层立杆的冲切。预制叠合板下支撑搭设见图3-2-11。

(a)

(b)

图3-2-11 预制叠合板下支撑搭设

（a）板下大跨度支撑；（b）板下支撑过密、过多木楞

3. 吊索要求

与预制梁类似，在预制叠合板吊装过程中，吊索水平夹角不宜小于60°，不应小于45°。预制叠合板规格较小时，可采取直接四点挂钩的方式进行起吊；如果预

制叠合板跨度和宽度较大时，应采取特制分配架、增加挂钩点进行起吊，避免起吊过程导致预制叠合板开裂，预制叠合板吊索设置见图3-2-12。

(a)

(b)

图3-2-12　预制叠合板吊索设置

（a）直接挂钩；（b）分配架

3.2.4　预制剪力墙吊装

◎**工作难点：**预制剪力墙吊装的吊装顺序、翻身、就位面处理及就位过程等细节控制。

解 析

1. 预制剪力墙吊装流程

预制剪力墙吊装流程为：施工前准备→就位面处理→剪力墙吊运→剪力墙对孔→剪力墙初就位→斜撑固定→位置微调→垂直度校验→剪力墙吊装完成。

与现浇部分连接的墙板宜先行吊装，其他宜按照外墙先行吊装的原则进行吊装。

2. 预制剪力墙翻转

若预制剪力墙水平放置或运输，则必须利用起重机将处于水平状态的预制剪力墙进行翻转。由于预制墙较薄，翻转工况应经过详细验算，考虑预制剪力墙自重及冲击荷载，避免翻转过程中出现裂缝。翻转起吊应柔和缓慢，减少对预制墙体的冲击。预制剪力墙翻转后、起吊前，下侧设置橡胶保护边角垫，保证预制墙板边缘不被损坏，预制剪力墙翻转起吊见图3-2-13。

图 3-2-13　预制剪力墙翻转起吊

3. 就位面处理

就位面处理分为三个部分，即就位面清理、水平面抄平、坐浆或分仓。在预制剪力墙吊装到指定位置前，应完成上述三部分的工作。首先就位面清理干净，不可存在明显的石子、浮料等，并浇水湿润，但不可有明显积水。预制剪力墙就位面未清理干净见图 3–2–14。未清理的残渣等将严重影响后续剪力墙灌浆的质量，引起工程质量事故。

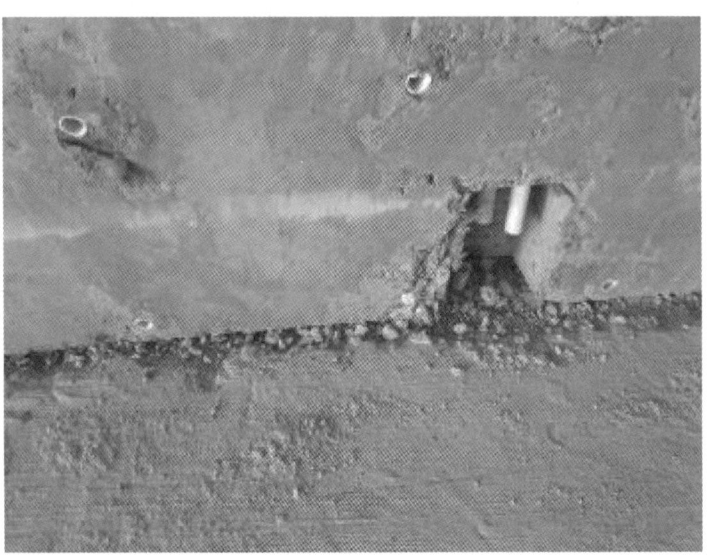

图 3-2-14　预制剪力墙就位面未清理干净

就位面清理干净后，应根据控制标高用钢垫片或螺栓等措施设置并调节好预制剪力墙的支承点。最后，根据预制剪力墙采用单点灌浆法连接还是连通腔灌浆法连接而采取相应铺浆、坐浆措施，坐浆标高应高出预制剪力墙板支承点 2mm。

4. 就位过程

当预制剪力墙吊运至距楼面 1m 处时，应减缓下放速度，由操作人员手扶引导降落，防止与防护架体或竖向钢筋碰撞。在就位对孔过程中，操作人员可利用镜子观察连接钢筋是否对准套筒，若仍存在个别钢筋无法对孔的情况，可及时采取相关措施，进行少量调节，直至钢筋与套筒全部对接；若钢筋误差较大，无法通过简单措施调整到位，应停止该墙板的吊装，会同相关方，采取合理技术措施，将钢筋调整到位后，再进行该墙板的吊装。预制剪力墙降落至支承点后停止降落，同时进行调节保证预制墙板下口与预先测放的定位墙线重合。预制剪力墙安装就位过程见图3–2–15。

(a)

(b)

图3–2–15　预制剪力墙安装就位

（a）镜子检查；（b）钢筋调整

5. 临时固定

预制剪力墙落位以后，立刻安装临时可调斜支撑，每件预制墙板安装过程的临时斜支撑应不少于2道，支撑点位置距离底板不宜大于板高的2/3，且不应小于板高的1/2，斜支撑的角度宜为45°，不应大于60°；斜支撑设置时，在垂直预制墙板方向上，应略微外张，提高预制墙板各个方向上的稳固性，预制剪力墙斜支撑设置见图3–2–16。斜支撑安装好后，通过调节支撑活动杆件调整墙板的垂直度。

图3–2–16　预制剪力墙斜支撑设置

3.2.5　预制外挂墙板吊装

◎**工作难点：**预制外挂墙板吊装的吊装流程及安装细节控制。

解析

1. 预制外挂墙板吊装流程

预制外挂墙板吊装流程为：施工前准备→就位面处理→外挂墙板吊运→外挂墙板初就位→斜撑固定→位置微调→垂直度校验→外挂墙板吊装完成。

2. 预制外挂墙板安装方法

预制外挂墙板作为重要的围护构件，其吊装过程与结构构件同样重要。预制外挂墙板吊装完成后，由于防水、保温等需要，还需进一步采取塞缝、打胶等措施，保证建筑使用功能的需要。

根据预制外墙板与结构的连接方式，又可分为：点挂式、线挂式和点线结合式，预制外挂墙板主要连接方式见图3-2-17。点挂式预制墙板与主体结构通过不少于两个独立支承点传递荷载，线挂式预制外挂墙板主要通过墙板边缘局部与主体结构的现浇段来实现连接，点线结合式预制外挂墙板则结合了上述两种连接方式的特点，保留了一定的现浇段和支承点来实现与主体结构的连接。

(a)

(b)

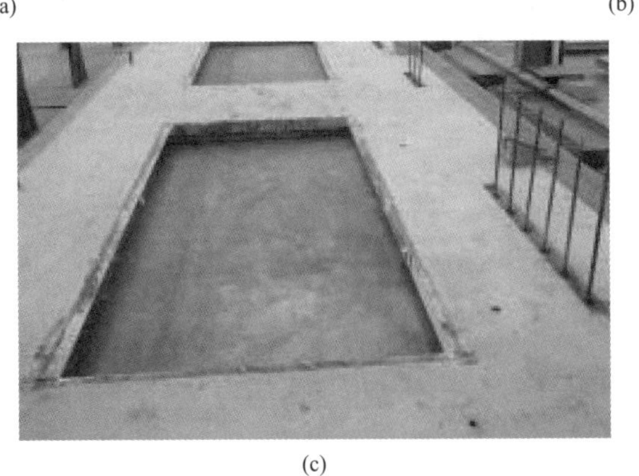

(c)

图3-2-17 预制外挂墙板主要连接方式

（a）点挂式；（b）线挂式；（c）点线结合式

根据外挂墙板的连接方式，往往有先装法和后装法之分。线挂式外挂墙板往往需要通过预留钢筋锚固于后浇层的方式进行连接，因此，往往在主体结构施工过程中，楼面叠合层浇筑前完成吊装，称为先装法；点挂法往往采用预埋件实现连接，可在主体结构施工完成后进行吊装施工，称为后装法。

3. **就位过程**

先装法吊装外挂墙板过程中，将外墙板的下口对准安装墨线，根据轴线、构件边线，用专用撬棍对墙体轴线进行校正，板与板之间可用撬棍慢慢撬动，用橡皮锤或加垫木敲击微调。在墙体下端用木楔来调整墙体标高，亦可通过预埋螺栓，通过螺栓抄平标高，保证外挂墙板标高准确，预制外挂墙板螺栓调节标高见图3-2-18。

(a)　(b)

图 3-2-18　预制外挂墙板螺栓调节标高

（a）调节螺栓；（b）螺栓支撑点

后装法吊装外挂墙板过程中，由于受到施工楼层的影响，外挂墙板接近安装位置时，需要操作人员在室内采用揽风绳牵引外挂墙板，同时塔式起重机大臂回转使得外挂墙板水平平移，调节两侧葫芦链条使得连接螺栓插入外挂墙板连接孔洞中。外挂墙板就位后，及时设置斜支撑，并将螺栓安装上，临时固定。根据已经标好的控制线，调整外挂墙板的水平、垂直及标高，待均调整到误差范围内后将螺栓紧固到设计要求，部分需连接部位根据设计要求，进行相关的焊接等工作。

3.2.6　预制楼梯吊装

◎**工作难点：**预制楼梯吊装的吊装流程、就位面处理及姿态调整等的控制。

解析

1. 预制楼梯吊装流程

预制楼梯吊装流程为：施工前准备→就位面处理→预制楼梯起吊→预制楼梯吊运→预制楼梯初就位→预制楼梯安装→位置精调→预制楼梯成品保护。

2. 就位面处理

目前，我国的楼梯构件在结构中往往被当成滑移构件，以减小楼梯对结构抗震性能的影响。因此，预制楼梯往往一端为固定支座，另一端为滑移支座，构造细节存在差异。在预制楼梯吊装前，应熟悉图纸设计要求，明确固定端和滑移端。在固定端，可根据图纸要求及抄平高度，铺设相应坐浆料，浆料需均匀饱满，亦可采用螺母或垫片等方式进行标高抄平。在滑移端，通过坐浆料进行抄平后，在梯梁下端铺设聚四氟乙烯板等滑移材料，并且搁置在坐浆料上方。

在处理就位面的同时，还应检查销栓钢筋是否预埋到位（图3-2-19），是否存在影响预制楼梯顺利落位的偏差，一旦不满足预制楼梯安装条件，应及时采取措施进行处理。

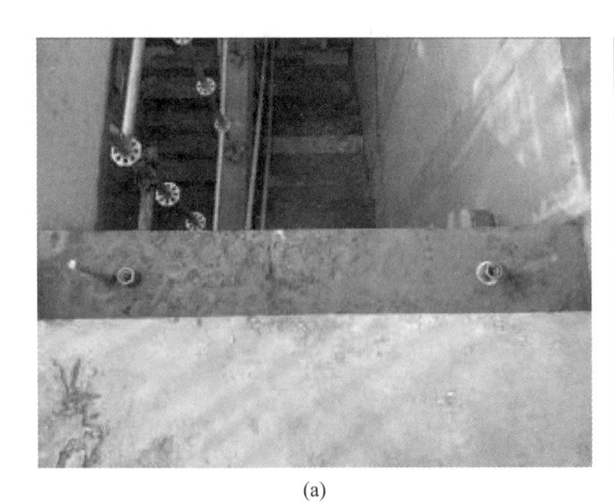

(a)

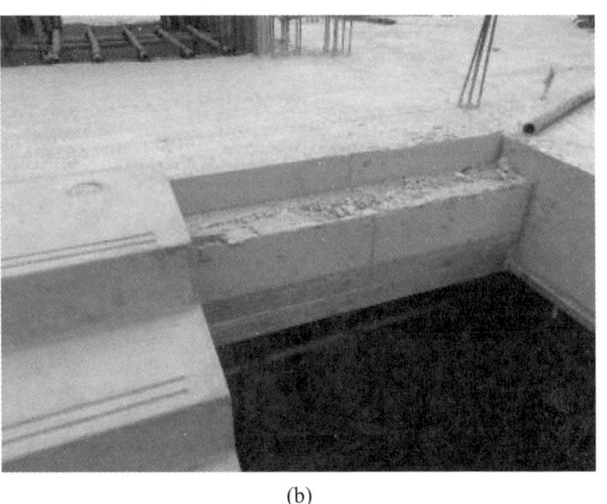

(b)

图3-2-19 预制楼梯连接销栓钢筋

（a）预埋到位；（b）未埋设销栓钢筋

3. 预制楼梯姿态调整

不同于预制梁、预制叠合板等水平构件，预制楼梯在堆放时为水平搁置，安装到位后为斜向状态，因此，在正式吊运前，需要调整好其空中的姿态，便于后续顺利落位。

预制楼梯吊装采用专用吊架，一端吊索下方可设置手动葫芦。预制楼梯吊点与吊具吊钩连接后，吊机缓缓吊起预制楼梯，离地面20 ~ 30cm时，操作人员调节手动葫芦使楼梯呈斜置状态，配合使用水平尺调整踏步水平，预制楼梯姿态调整见图3-2-20。预制楼梯姿态调整到位后，继续快速吊运至安装位置。

(a)

(b)

图3-2-20 预制楼梯姿态调整

（a）手动调整；（b）安装就位

3.2.7 预制阳台、空调板吊装

◎**工作难点：**预制阳台、空调板吊装的吊装流程、临时支撑及临边措施等的控制。

解 析

1. 预制阳台、空调板吊装流程

预制阳台、空调板吊装流程为：施工前准备→预制阳台、空调板等起吊→预制阳台、空调板等吊运→预制阳台、空调板等初就位→预制阳台、空调板等安装→卸扣→位置精调。

预制阳台、空调板等附属构件的吊装可参照预制梁、预制叠合板等相关水平构件的吊装，应注意临时支撑和临边防护的设置。

2. 临时支撑

对于预制阳台、空调板等构件，在吊装前应设置竖向支撑架体。支撑架体宜采用定型独立钢支柱，并形成自稳定的整体架，且宜与相邻结构可靠连接，预制阳台支撑架体示意见图3-2-21。

3. 临边措施

由于阳台、空调板等构件一半位于结构边缘，吊装就位时属于临边位置，因此操作人员的防护需要进一步保障，确保施工安全。预制阳台或空调板就位处，应设置安全绳，操作人员应尽量位于安全绳内侧进行相关操作，预制阳台就位处设置安全绳见图3–2–22。

图3–2–21　预制阳台支撑架体示意

图3–2–22　预制阳台就位处设置安全绳

3.3　预制构件连接

3.3.1　现浇向装配工艺转换楼层竖向钢筋定位和预留长度控制

◎**工作难点：**从底部现浇层向装配结构层过渡的起始层（或称转换层）预制墙板构件部位的竖向连接钢筋预埋位置偏位或伸出长度不够（图3–3–1和图3–3–2）。出现此类问题的主要原因为施工项目队多为首次施工装配式混凝土剪力墙结构的操作人员，采取起始层控制竖向连接钢筋的位置及长度的措施不到位。

图3–3–1　起始层竖向连接钢筋预埋偏位

图 3-3-2　起始层竖向连接钢筋伸出混凝土楼面长度不足

解析

1．底部现浇层墙体模板和钢筋安装时，在模板内侧采用定位钢筋固定伸出楼板的竖向连接钢筋，保证其在模板内的相对位置，防止浇筑混凝土时受混凝土挤压偏位，现浇模板内钢筋定位见图3-3-3。

2．在楼面浇筑混凝土时，采用定位套板进行外伸钢筋定位，钢筋定位套板应用见图3-3-4。

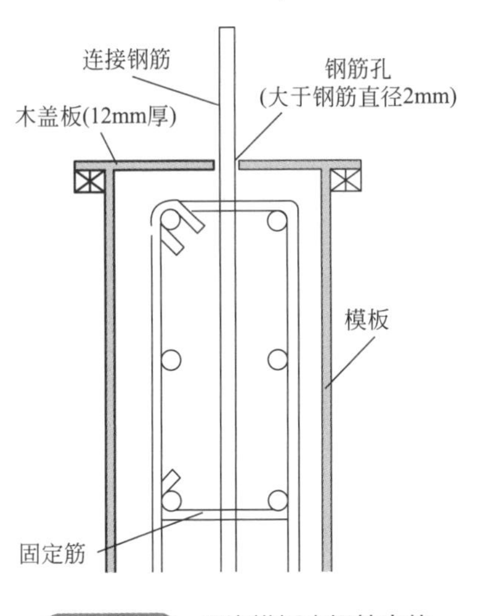

图 3-3-3　现浇模板内钢筋定位

图 3-3-4　钢筋定位套板应用

3.3.2 钢筋套筒灌浆连接质量控制

◎**工作难点：**套筒灌浆连接是装配式混凝土建筑竖向构件连接应用最广泛，也被认为是最可靠的连接方式之一。但由于其施工工艺复杂，对操作人员素质要求较高，现场灌浆不密实的质量问题频发，应加强其全过程的施工质量控制，确保装配式结构质量安全。

解析

1. 钢筋套筒灌浆连接原理

钢筋套筒灌浆连接的工作原理是：将需要连接的带肋钢筋插入金属套筒内“对接”，在套筒内注入高强早强且有微膨胀特性的灌浆料，待浆料凝固后在套筒筒壁与钢筋之间形成较大压力，在钢筋带肋的粗糙表面产生摩擦力，由此传递钢筋的轴向力。

套筒分为全灌浆套筒和半灌浆套筒。全灌浆套筒是接头两端均采用灌浆方式连接钢筋的套筒；半灌浆套筒是一端采用灌浆方式连接，另一端采用螺纹连接的套筒。钢筋套筒灌浆连接示意图见图3-3-5。

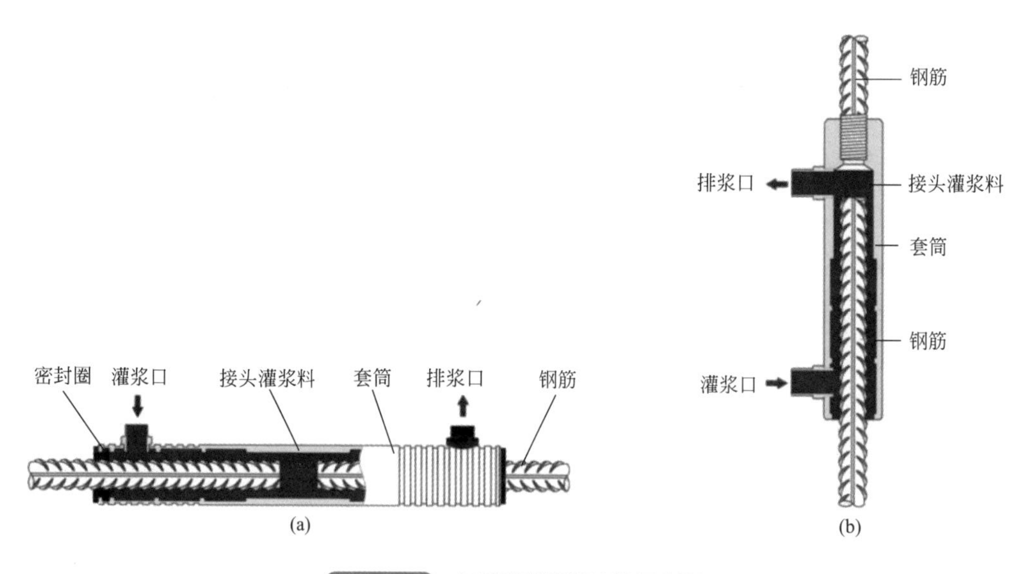

图3-3-5 钢筋套筒灌浆连接示意图

（a）全灌浆套筒；（b）半灌浆套筒

2. 质量控制

（1）准备工作

在技术准备上，技术人员应明确钢筋套筒灌浆技术参数、工艺测试、钢筋套筒灌浆可行性分析以及施工效果等，并且应根据设计文件、现行国家标准规范和批准后的专项施工方案，向现场管理人员和灌浆班组所有人员进行技术交底。灌浆施工前，应确认灌浆套筒接头的相关文件材料齐全，包括有效型式检验报告、接头工艺检验等。

在材料和设备的准备上，应确保使用的灌浆料、坐浆料符合项目和相关规定要求，准备专用注浆的设备以及器具，包括电动灌浆泵或手动灌浆枪、搅拌机、电子秤等测量器具等。同时保证灌浆料圆截锥试模、抗压强度试模等符合规定，抗压强度试模应尽量采用钢制试模，以保证试块尺寸的精确度。

在人员准备上，一般每个班组配备两名操作工人，并要求受过专项培训，合格后持证上岗。

在作业条件准备上，应在预制构件进场检查和吊装前检查的基础上，再次确认灌浆套筒以及灌浆管、出浆管内有无杂物，可采用空压机向灌浆套筒的灌浆孔吹气进行检查，并吹出杂物。

（2）坐浆或分仓

根据后续采取的灌浆方法的不同，如连通腔灌浆法或单套筒灌浆法，在预制构件吊装前，应对其落位点进行相关的分仓和坐浆处理。当采用单套筒灌浆法时，应在预制构件吊装前，首先湿润楼面，并保证无积水，再对预制构件落位面进行坐浆处理，必须采用专用坐浆料进行处理，底部坐浆层厚度宜为20mm，且不大于30mm。单套筒灌浆法预制剪力墙下坐浆见图3-3-6。

(a)

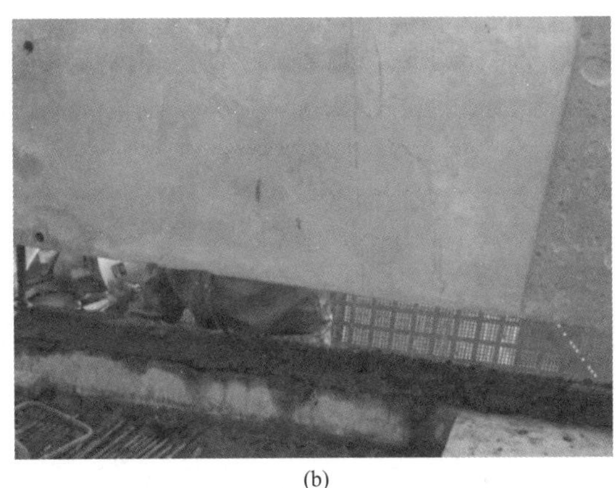
(b)

图3-3-6　预制剪力墙下坐浆

（a）底部铺浆；（b）坐浆

一般而言，预制剪力墙截面较长，采用连通腔灌浆法灌浆时，往往需要对其截面范围进行分仓处理。应采用专用坐浆料进行分仓，单仓长度不宜大于1.5m，为防止遮挡套筒孔口，距离连接钢筋外缘应不小于4cm。连通腔灌浆法预制剪力墙下分仓见图3-3-7。

图3-3-7 分仓

（3）封缝

目前，采用较多的仍然为连通腔灌浆，在灌浆前需要对拼缝处进行封缝处理，形成密闭的灌浆空间。封缝时，地面需清扫干净，洒水润湿；采用专用内衬条，内衬条规格尺寸需根据缝的大小合理选择，确保内衬作用有效；填塞厚度深为1.5 ~ 2cm，一段封堵完后静置约2min后抽出内衬，抽出前需旋转内衬，确保不粘住，内衬封缝见图3-3-8（a）。各面封缝要保证填抹密实，待封缝料干硬强度达到手碰不软塌变形，再进行后续工序施工。填抹完毕确认干硬强度达到要求后才可进行灌浆。

对于截面较为规整的柱来说，也可采用在柱底接缝外圈设置围护的方式进行封缝，避免出现灌浆压力过高导致“爆仓”现象。预制柱外围护封缝见图3-3-8（b）。

(a)

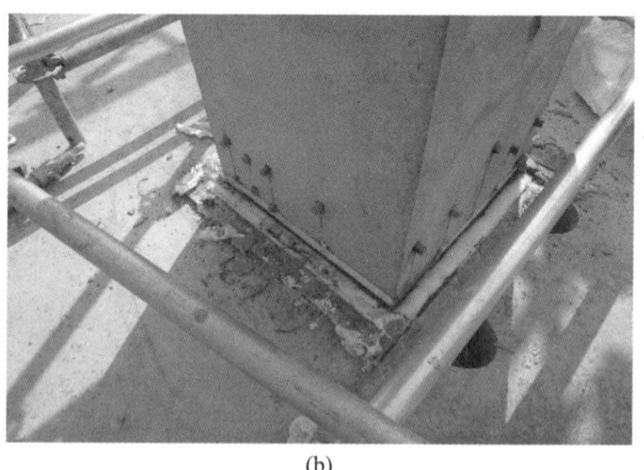

(b)

图3-3-8 封缝

（a）内衬封缝；（b）外围护封缝

（4）灌浆料制备

在制备灌浆料时，首先应打开灌浆料包装袋，并检查灌浆料有无受潮结块或其他异常情况。确认无误后，应严格按照灌浆料使用说明书中规定的水灰比例，计算相应灌浆使用量所需的浆料粉和清洁水用量。先将水倒入搅拌桶，然后加入约70%的料，用专用搅拌机搅拌1 ~ 2min，大致均匀后，再将剩余料全部加入，再搅拌3 ~ 4min至彻底均匀。搅拌均匀后，静置2 ~ 3min，使浆内气泡自然排出后再使用。灌浆料制备过程见图3-3-9。

(a)

(b)

图3-3-9　灌浆料制备

（a）搅拌；（b）静置

（5）灌浆料检查

在灌浆施工前，应进行灌浆料初始流动度检验，记录有关参数，流动度合格后方可使用。预先用潮湿的布擦拭玻璃板或光滑金属板及截锥圆模内壁，并将截锥圆模放置在玻璃板中心（玻璃板应放置水平），然后将拌好的灌浆料迅速倒满截锥圆模内，浆体与截锥圆模上口平齐。缓缓提起截锥圆模，灌浆料在无扰动的条件下自由流动直至停止。用尺测量底面最大扩散直径及其垂直方向的直径，计算其平均值，作为流动度的初始值，测试结果精确到1mm。流动度初始值测量完毕后静置30min，重新按上述步骤测取流动度30min保留值，并记录数据。初始流动度应大于300mm方可使用。灌浆料流动度检查见图3-3-10。

采用40mm × 40mm × 160mm三联试块模制作灌浆料强度试块，应尽量采用钢制试模，保证试件精确度，每三联试块模为一组，每组三块；同一楼层应不少于三组标养试块及一组同条件试块；倒入灌浆料前，应刷涂一层隔离剂，便于取出试块；为防止材料的离散性造成材料强度检测不合格，现场每层可多留置3组强度试块，以备验证使用。

(a)

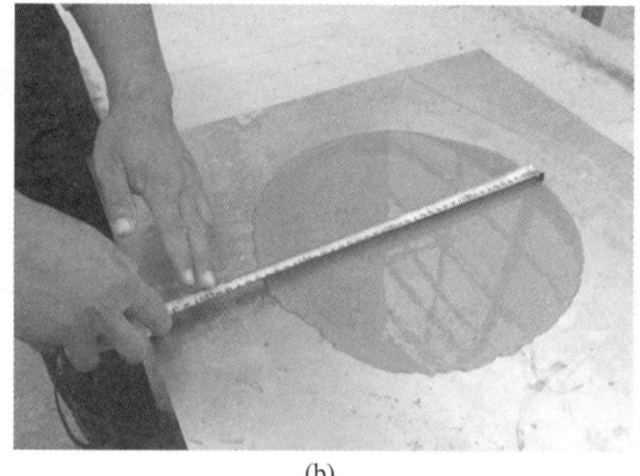

(b)

图 3-3-10 灌浆料流动度检查

（a）流动度检测截锥圆模；（b）测量

（6）灌浆作业

根据预制柱下或预制墙底分仓的独立灌浆空腔情况，选择距离较远的下部灌浆孔和上部出浆孔，分别作为该独立灌浆空腔的灌浆孔和微重力流补浆孔；若存在高位排气孔，则应选择最高的排气孔作为微重力流补浆孔；对于单套筒灌浆的预制剪力墙或预制柱，每个套筒的出浆孔均作为微重力流补浆孔。在上部微重力流补浆孔上，安装透明补浆观察锥斗。透明补浆观察锥斗可采用弯管、塑料瓶等材料进行制作。除用于灌浆的下部灌浆孔外，其余套筒的下部灌浆孔应采用专用堵头或木塞堵牢。补浆观察装置见图 3-3-11。

每次开始灌浆工作时，灌浆机首次倒入灌浆料前，干净的灌浆机应采用清水循环一遍，充分湿润。倒入静置后的灌浆料后，再次循环一遍，以便灌浆料充分湿润灌浆机。灌浆料首次循环见图 3-3-12。

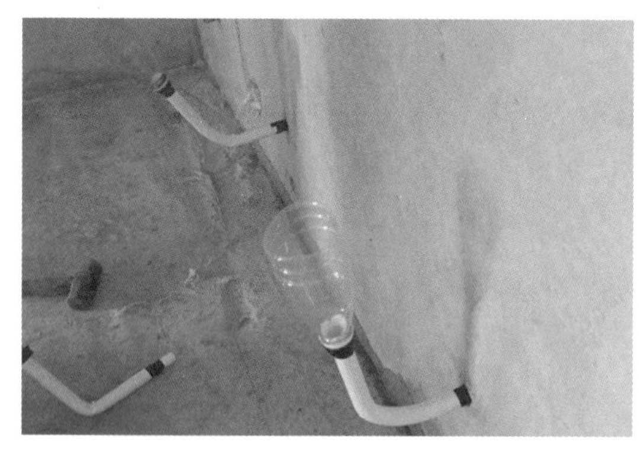

图 3-3-11 安装透明补浆观察锥斗

图 3-3-12 灌浆料首次循环

用灌浆枪嘴插入下部灌浆孔，进行压力注浆，灌浆应连续，不得中途停顿时间过长，如再次灌浆时，应保证已灌入的浆料有足够的流动性后，还需要将已经封堵的出浆孔打开。当套筒的上部出浆孔开始流出浆料后，待其形成完整的出浆股流时，将该出浆孔进行塞堵。正式灌浆见图3-3-13。

(a)

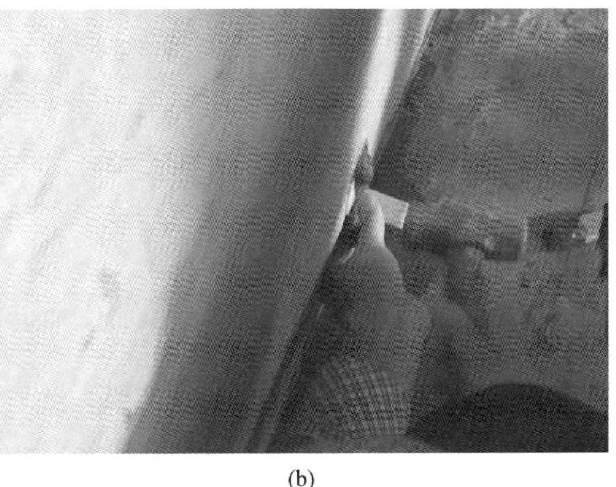

(b)

图3-3-13 灌浆作业

（a）压力灌入；（b）塞堵出浆孔

连续压入灌浆料，待所有套筒的出浆孔均塞堵完成后，继续压浆，使得透明补浆观察锥斗内出现浆料，并使得锥斗内灌浆料液面高于出浆孔上切面200mm的高度，方可停止压浆。随后应保持观察15 ~ 30min，实时观测灌浆料高度与下沉情况，及时采取相应处理措施，并应符合下列要求：当灌浆料在补浆观察装置中液面稳定且不下降时，则灌浆饱满、灌浆结束；当灌浆料在补浆观察装置中液面下降到出浆孔切面以上之前时，液面保持稳定且不再下降，则灌浆饱满、灌浆结束；当灌浆料在补浆观察装置中液面下降到出浆孔切面以下时，应通过向锥斗内增加灌浆料进行人工二次补浆操作，补浆过程中应保持锥斗内灌浆料液面高于出浆孔上切面200mm，通过观察，当灌浆料液面满足前述两款要求时，则灌浆饱满、灌浆结束。

3.3.3 钢筋浆锚搭接连接质量控制

◎**工作难点：**与钢筋套筒灌浆连接类似，浆锚搭接连接的灌浆质量尤其重要，应重点关注。

解 析

1. 钢筋浆锚搭接连接原理

钢筋浆锚搭接的工作原理是：将需连接的钢筋插入预制构件预留孔内，在孔内灌浆固定该钢筋，使之与孔外的钢筋形成“搭接”，两根搭接的钢筋被螺旋钢筋或者箍筋约束。

浆锚搭接连接按照成孔方式可分为螺旋内模成孔浆锚搭接、金属波纹管浆锚搭接和集中束浆锚连接。螺旋内模成孔浆锚搭接是在混凝土中埋设螺旋内模，混凝土达到一定强度后将内模旋出，形成孔道，并在钢筋搭接范围内设置螺旋筋形成约束；金属波纹管浆锚搭接是通过埋设金属波纹管的方式形成插入钢筋的孔道；集中束浆锚连接一般通过金属波纹管成孔，孔道中插入构件的竖向钢筋束，孔道外侧采用螺旋箍筋约束。浆锚搭接连接示意图见图3-3-14。

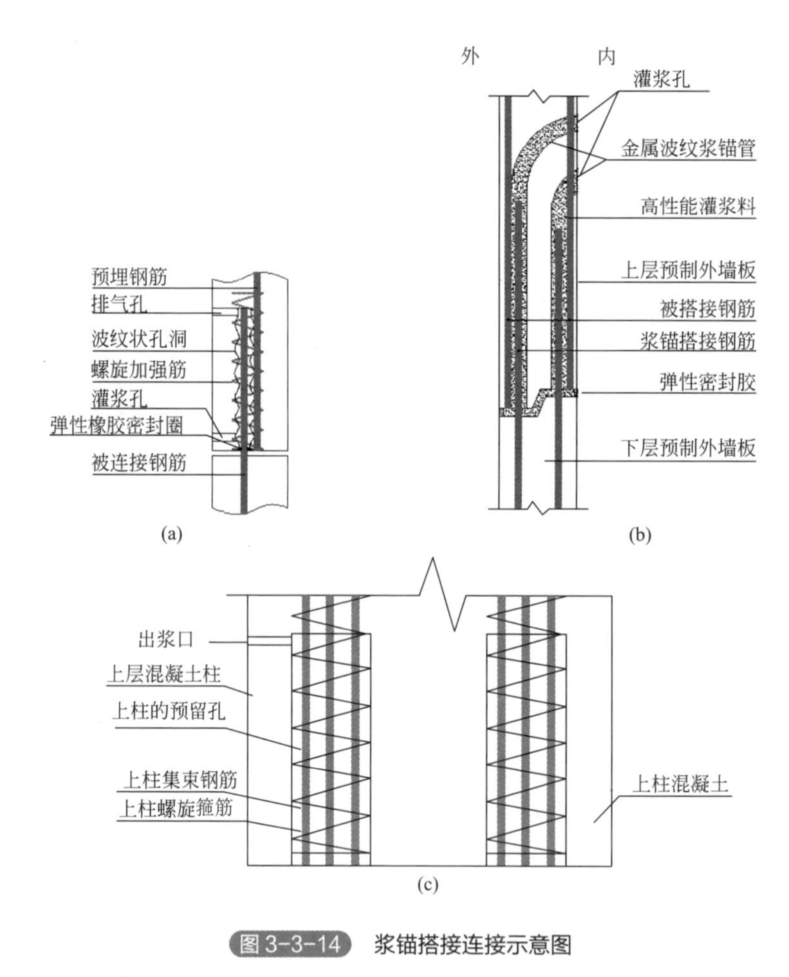

图3-3-14 浆锚搭接连接示意图

（a）螺旋内模成孔浆锚搭接；（b）金属波纹管浆锚搭接；（c）集中束浆锚连接

2. **施工质量控制**

采用浆锚搭接的预制剪力墙构件在起吊前，应湿润灌浆孔，预制剪力墙吊装完成后，及时进行灌浆作业。浆锚搭接连接多采用上端预留孔直接灌入灌浆料工艺，灌浆料应采用专用浆锚搭接用灌浆料。浆锚搭接灌浆料的制备可参照钢筋套筒灌浆料的制备，预制墙底的坐浆或分仓、封缝等工艺详见3.3.2节。采用连通腔灌浆时，一般从低位孔灌入，当浆料从高位孔成股溢出出浆孔后，及时采用堵塞封住出浆孔，并停止灌浆。在其后30min内，应检查已完成的出浆孔，若出现胶料回落的情况，应及时补浆，保证钢筋的锚固长度。

3.3.4 叠合板接缝施工

◎**工作难点：**叠合板缝连接构造处理不符合要求，易出现质量隐患。

解析

1. 叠合板拼缝构造

叠合板拼缝有密拼、后浇小接缝、后浇宽接缝三种构造形式，叠合板板缝连接构造见图3-3-15。

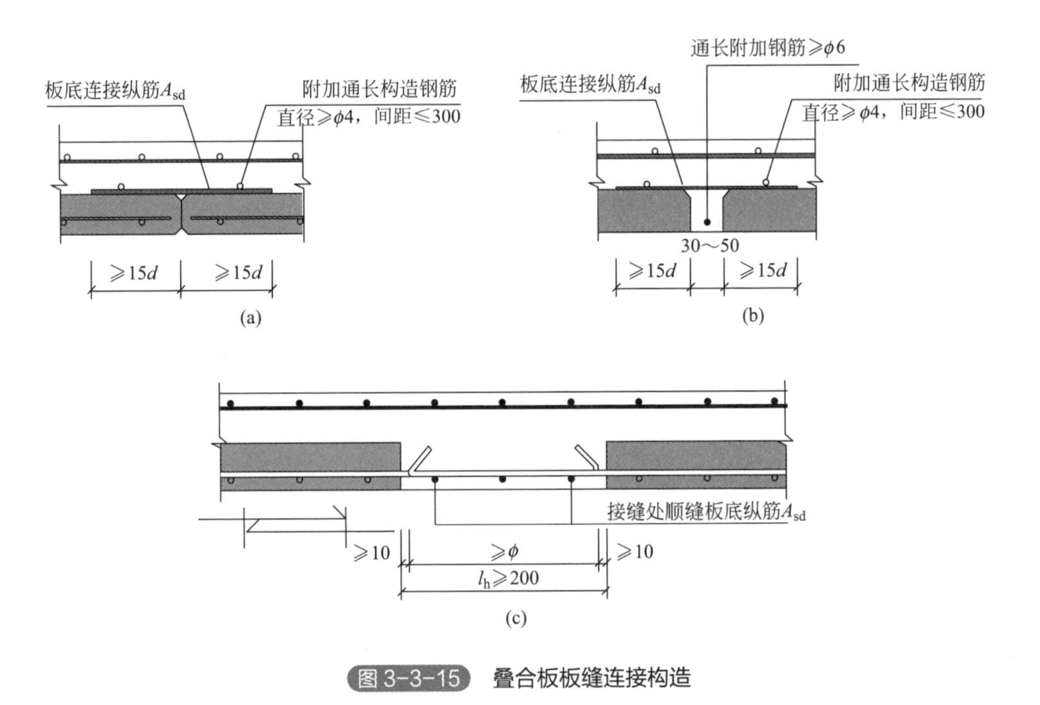

图3-3-15 叠合板板缝连接构造

（a）密拼接缝；（b）后浇小接缝；（c）后浇宽接缝（缝宽300～400mm）

2. 叠合板拼缝处理措施

（1）混合物填塞挂网施工

基层处理：

1）通过钢丝刷去除不利于粘结的物质，如：油脂、灰尘、油漆、水泥浮浆和其他不利于粘结的微粒。

2）用毛刷或者真空吸尘器清洁基材表面，保证基面干净、干燥。

3）施工工序：

① 采用H–80注浆料或高一强度等级微膨抗裂砂浆进行塞缝，表面宜比两侧板低5mm；

② 接缝四周边缘贴上美纹纸胶带，采用微膨嵌缝石膏+胶水+白水泥混合搅拌勾缝；

③ 表面涂刷一道白乳胶，粘贴100mm宽纤维布，待至晾干，再刷一道白乳胶。

（2）抹灰挂网施工

1）基层处理：

① 通过钢丝刷去除不利于粘结的物质，如：油脂、灰尘、油漆、水泥浮浆和其他不利于粘结的微粒；

② 对基面适当喷水湿润。

2）抹第一遍抗裂砂浆：

① 第一遍抗裂砂浆厚度应为3 ~ 4mm，应抹密实、平整；

② 表面宜比两侧板低2mm。

3）压入耐碱玻纤网格布：

① 网格布应展平，与梁、柱或墙体连接应保证网格布不变形起拱；

② 拼缝两侧墙体搭接长度不宜小于100mm。

4）抹第二遍抗裂砂浆：

① 挂网必须置于抹灰层内，网材与基体的间距宜大于3mm；

② 第二遍抗裂砂浆厚度应为1 ~ 2mm，以耐碱玻纤网不外露为宜。

3. 单向叠合板板缝处支模工艺

（1）叠合板板底水平支撑方木统一垂直于拼缝设置，可有效避免叠合板之间的错台现象。

（2）拼缝封堵模板采用50mm厚木枋平铺于拼缝底部，顶部表面两侧在叠合板吊装作业前完成海绵条的粘贴；木枋与水平支撑方木之间的衔接，确保上表面标高一致，在支撑方木两侧钉上支撑块，作为拼缝木枋的搁置点。

3.3.5 预制剪力墙拼缝施工

◎工作难点： 预制剪力墙端部需现场后浇混凝土，其与预制构件相互干涉明显，尤其是PCF板，应提高该部位模板施工质量。

解析

预制剪力墙之间拼缝采用的模板可参照常规现浇混凝土墙的模板，重点在于采用胶条等措施将模板与预制混凝土构件间的缝隙完全封堵，避免混凝土流出，污染预制构件。一般而言，预制墙相关的现场模板可采用墙边埋置螺栓的方式固定模板，亦可设置对拉螺栓，对拉螺栓间距一般不宜大于600mm，上端对拉螺栓距模板上口不宜大于400mm，下端对拉螺栓距模板下口不宜大于200mm。对于预制混凝土模板墙（PCF墙板），则需要设置背楞及对拉螺杆，避免预制混凝土模板在混凝土浇筑时产生裂缝甚至发生破坏，PCF墙板施工见图3-3-16。

(a)

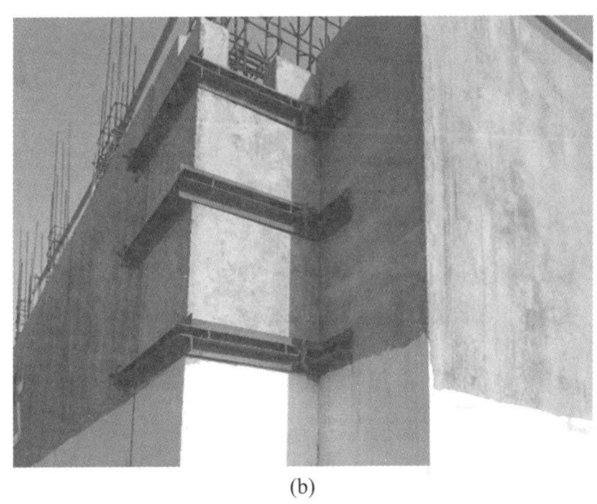
(b)

图3-3-16 预制混凝土模板墙（PCF 墙板）相关模板

（a）内表面支设模板；（b）外表面背楞

3.3.6 框架梁柱节点施工

◎**工作难点：**框架梁柱节点空间狭小，模板支设难度较大，应提高该部位模板施工质量。

解析

预制梁、柱连接区模板往往较小，且相对零散，采用木模板搭设时，应注意对拉螺栓的设置，保证预制梁、柱连接区的模板刚度，提高该区域的混凝土成型质量和观感。预制混凝土梁柱连接相关模板搭设见图3-3-17。

(a)

(b)

图 3-3-17 预制混凝土梁柱连接相关模板搭设

（a）预制梁连接区；（b）预制梁柱节点连接区

由于装配式混凝土建筑规格化、模数化程度高的特点，预制构件之间的连接区域的模板可做到一定程度统一，这为现场模板的工具化、标准化奠定了基础。因此，装配式混凝土结构现场连接区域的模板鼓励采用钢模板、铝模板等，使得其成为规格化工具，达到操作方便、施工高效、周转次数高、使用寿命长、回收价值高、施工质量好、节能环保等目的，进一步减少木模板的使用，这是实现模板工程绿色化发展的一个重要方向。装配式混凝土结构工具化模板见图3-3-18。

(a)

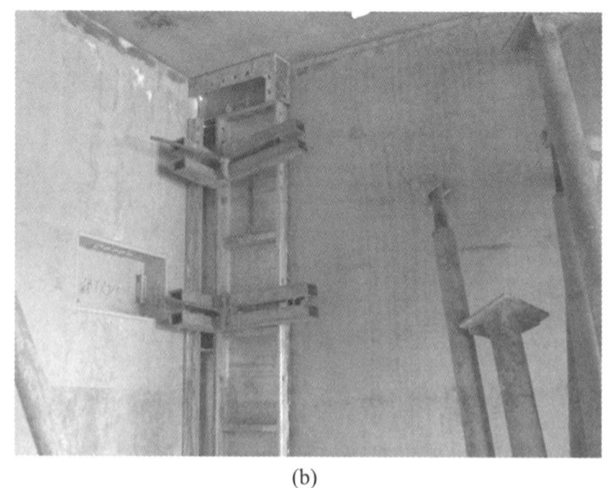
(b)

图 3-3-18 装配式混凝土结构工具化模板

（a）钢模板；（b）铝模板

3.3.7　预制外墙接缝防水施工

◎**工作难点：**预制外墙接缝防水施工不规范、不符合要求，易出现质量隐患。

解析

1. 装配式混凝土结构中防水施工重点就是预制构件间的防水处理，主要要求如下：

（1）当设计对构件连接处有防水要求时，材料性能及施工应符合设计要求及国家现行有关标准规定。

（2）预制外墙板连接接缝采用防水密封胶施工应符合下列规定：

1）预制外墙板连接接缝防水节点基层及空腔排水构造做法应符合设计要求；

2）预制外墙板外侧水平、竖直接缝的防水密封胶封堵前，侧壁应清理干净，保持干燥；嵌缝材料应与板牢固粘结，不得漏嵌和虚粘；

3）外侧竖缝及水平缝防水密封胶的注胶宽度、厚度应符合设计要求，防水密封胶应在预制外墙板校核固定后嵌填；先安放填充材料，滞后注胶；防水密封胶应均匀顺直、饱满密实、表面光洁连续；

4）外墙板“十”字拼缝处的防水密封胶注胶应连续完成。

（3）预制外墙板连接接缝采用防水胶带施工应符合下列规定：

1）预制外墙板接缝处防水胶带粘贴宽度、厚度应符合设计要求，防水胶带应在预制构件校核固定后粘贴；

2）连接接缝采用防水胶带施工前，粘结面应清理干净，并涂刷界面剂；

3）防水胶带应与预制构件粘结牢固，不得虚粘。

（4）采用装配式剪力墙结构时，外立面防水主要由胶缝防水、空腔构造、后浇混凝土三部分组成；采用外挂板时，外立面防水主要靠胶缝防水、空腔构造保证。主要控制措施如下：

1）控制后浇混凝土的密实性，采用加强振捣等措施；

2）控制空腔构造主要是保护水平拼缝企口不损坏，保证后浇混凝土不进入空腔内，避免堵塞空腔，造成排水困难；

3）胶缝的质量控制主要在于基层处理与耐候胶的选择；基层处理（可以提高胶与结合面的粘结性）、耐候胶与混凝土相容性的选择，这两方面均可避免可能产生的胶缝开裂，此外还应注意在“十”字胶缝处的连续打胶等工艺组织，通过控制胶缝宽度、厚度、连续性来保证胶缝质量。

2．预制外墙防水施工及构造见图3-3-19。

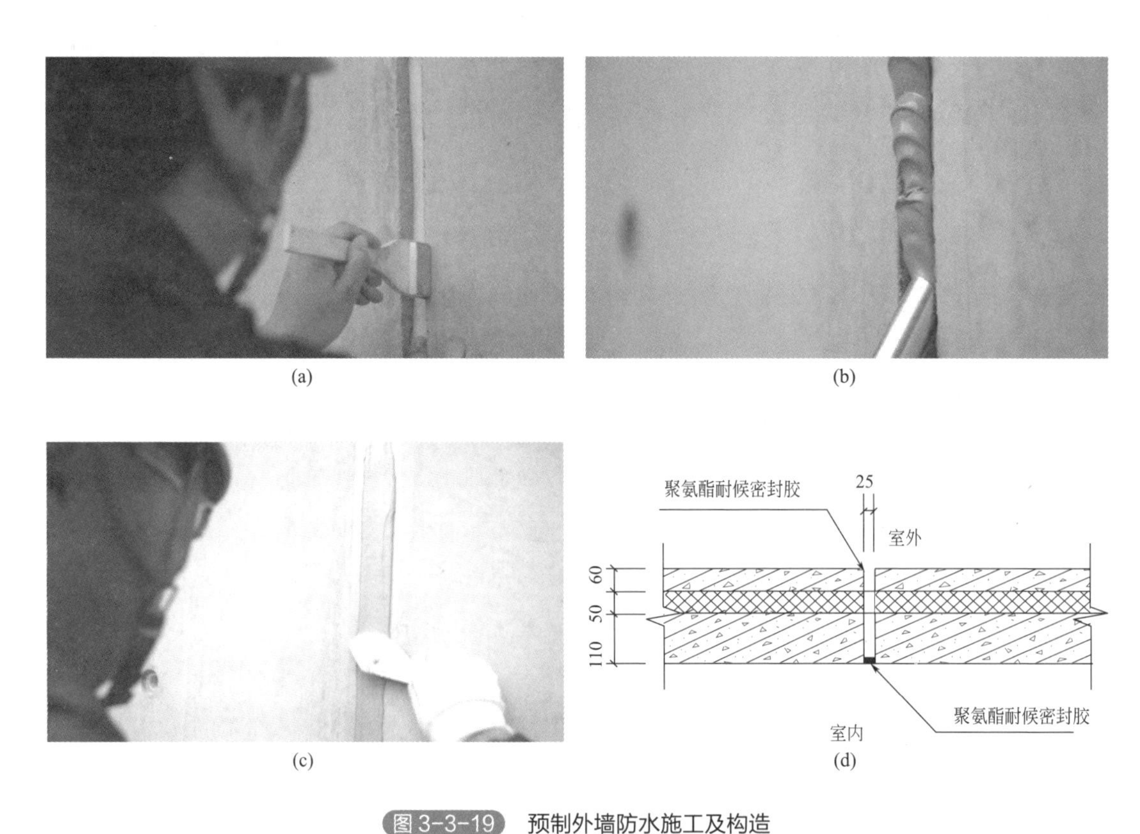

(a)　(b)　(c)　(d)

图3-3-19　预制外墙防水施工及构造

（a）侧壁清理；（b）填充、注胶；（c）胶体压实；（d）防水施工构造示意图

3.3.8　装配式混凝土结构验收

◎工作难点1：装配式混凝土结构子分部验收资料不齐全。

解 析

对于目前装配整体式混凝土结构，装配式混凝土结构作为分项工程，应在子分项工程验收合格的基础上，进行质量控制资料检查，并应对涉及结构安全、有代表性的部位进行结构实体检验；混凝土结构工程作为子分部工程，其质量验收应在相关分项工程验收合格的基础上，进行质量控制资料检查及观感质量验收，并应对涉及结构安全、有代表性的部位进行结构实体检验。分项（子分项）工程的质量验收应在所含检验批验收合格的基础上，进行质量验收记录检查。

1. 装配式混凝土结构分项工程施工质量验收时，应提供下列文件和记录：

（1）工程设计文件、预制构件深化设计图、设计变更文件；

（2）预制构件、主要材料及配件的质量证明文件、进场验收记录、抽样复验报告；

（3）钢筋接头的试验报告；

（4）预制构件制作隐蔽工程验收记录；

（5）预制构件安装施工记录；

（6）钢筋套筒灌浆等钢筋连接的施工检验记录；

（7）后浇混凝土和外墙防水施工的隐蔽工程验收文件；

（8）灌浆料、坐浆材料强度检测报告；

（9）结构实体检验记录；

（10）装配式结构子分项工程质量验收文件；

（11）装配式工程的重大质量问题的处理方案和验收记录；

（12）其他必要的文件和记录（宜包含BIM交付资料）。

2. 装配式混凝土结构分项工程施工质量验收合格应符合以下要求：

（1）所含子分项工程质量验收应合格；

（2）应有完整的质量控制资料；

（3）观感质量验收应合格；

（4）结构实体检验结果应符合《混凝土结构工程施工质量验收规范》GB 50204的要求。

3. 当混凝土结构施工质量不符合要求时，应按下列规定进行处理：

（1）经返工、返修或更换构件、部件的，应重新进行验收；

（2）经有资质的检测机构按国家现行相关标准检测鉴定达到设计要求的，应予以验收；

（3）经有资质的检测机构按国家现行相关标准检测鉴定达不到设计要求，但经原设计单位核算并确认仍可满足结构安全和使用功能的，可予以验收；

（4）经返修或加固处理能够满足结构可靠性要求的，可根据技术处理方案和协商文件进行验收。

◎**工作难点2：**对装配式混凝土结构首段验收制度不熟悉。

解析

首段验收指针对同一项目中装配式混凝土结构具有代表性的首个施工段进行验收，其可系统检验安装施工工艺及质量是否符合设计要求，并可验证相关施工工艺及技术的可行性，为后续工程大面积重复应用提供样板引路。针对装配式混凝土结构的设计与施工特点，除应加强对预制构件安装质量的检查验收外，也应重视对后浇混凝土部位钢筋绑扎及模板安装等隐蔽工程施工质量的检查验收。承担装配式混凝土结构工程的建设单位和施工单位应根据装配式混凝土结构的特点和工程具体情况建立相应的质量保证体系，形成并完善首段验收等健全的质量管理制度。

建设单位应组织装配式混凝土结构工程参建各方（包括设计单位、预制构件生产单位、施工总承包单位和监理单位）在首个施工段预制构件安装完成和后浇混凝土部位隐蔽工程完成后进行首段验收，首段验收表格可参见表3-3-1，验收资料应备案、归档，经验收合格后方可进行后续工程施工。

首段验收表格示例 **表3-3-1**

工程名称		分部分项名称	
建设单位		设计单位	
监理单位		施工总承包单位	
预制构件生产单位		首段验收部位	
首段构件			

验收项目		检查情况	验收结论
1	预制构件生产厂家水泥、钢筋、预拌混凝土，套筒、灌浆料、外墙构件嵌缝材料等质量证明文件和复试报告；其中自拌混凝土应有配合比报告，水泥、砂、石、混凝土强度报告等质保资料		
2	预制构件进场，应有其成品合格证、型式检验报告、混凝土强度报告等质量证明文件		
3	预制构件应有标识，应包括工程名称、构件型号、生产日期、生产单位、合格标识		
4	预制构件上的预埋件、预留钢筋、预埋管线等，应符合规范及设计要求		
5	预制构件的外观质量及尺寸应符合规范及设计要求		

验收会签

预制构件生产单位意见：	施工总承包单位意见：	监理单位意见：
项目负责人：	项目经理：	总监理工程师：
年 月 日	年 月 日	年 月 日

续表

设计单位意见： 项目负责人： 年　月　日	建设单位意见： 项目负责人： 年　月　日	相关单位意见： 项目负责人： 年　月　日

◎工作难点3：不清楚钢筋套筒灌浆和钢筋浆锚连接的质量验收内容及要求。

解析

钢筋套筒灌浆和钢筋浆锚连接的检查验收，主要针对灌浆套筒及灌浆料的性能和灌浆的密实度两个方面内容进行。

1. 灌浆套筒及灌浆料性能验收

（1）钢筋灌浆套筒的规格、质量应符合设计要求，套筒与钢筋连接的质量应符合设计要求。套筒应符合《钢筋连接用灌浆套筒》JG/T 398的规定。检验方法：检查钢筋套筒的质量证明文件、套筒与钢筋连接的抽样检测报告；检查数量：全数检查。

（2）灌浆料的性能需从两个方面进行验收：一是现场采用的灌浆料自身的质量和性能，二是现场操作人员拌制并灌入相关套筒或者预留孔的灌浆料性能。现场采用的灌浆料自身质量应符合《水泥基灌浆材料应用技术规范》GB/T 50448—2015、《钢筋连接用套筒灌浆料》JG/T 408—2019等国家现行有关标准的规定。检查数量：按批检查，以5t为一检验批，不足5t的以同一进场批次为一检验批；检查方法：检查质量证明文件和抽样检验报告。

2. 灌浆料试验和检验

（1）钢筋套筒灌浆连接及钢筋浆锚搭接连接用的拌浆加水量应精准控制，满足专用袋装灌浆料供应商的水灰比要求。检查数量：抽样检查，首层安装时和正常灌浆每3层检查一次；检查方法：检查拌浆加水量容器和控制方法，并用电子秤称量复核，检查灌浆料检验报告。

（2）钢筋套筒灌浆连接及钢筋浆锚搭接连接用的灌浆料拌合物强度应符合国家现行有关标准的规定及设计要求。检查数量：按检验批，以每层为一检验批；每工作班应制作1组且每层不应少于3组40mm×40mm×160mm的长方体试件，标准养护28d后进行抗压强度试验；检查方法：检查灌浆料拌合物强度试验报告及评定记录。

（3）钢筋套筒和灌浆料自身质量性能均满足要求后，灌浆施工前，还应符合现行行业标准《钢筋套筒灌浆连接应用技术规程（2023年版）》JGJ 355的有关规定，对不同钢筋生产企业的进场钢筋进行接头工艺检验；施工过程中，当更换钢筋生产企业或同生产企业生产的钢筋外形尺寸与已完成工艺检验的钢筋有较大差异时，应再次进行工艺检验。

3. **灌浆密实度的检查和验收**

灌浆密实度的检查和验收从灌浆过程监控和灌浆结果抽查两个方面进行。

（1）在操作人员灌浆过程中，应设置质检员、监理员等旁站人员全程监看，并拍摄施工记录视频。对于操作过程的验收检查，检查数量：全数检查；检查方法：检查灌浆施工方法和施工记录、监理旁站记录及有关检验报告。在检查施工视频记录时，重点检查竖向预制构件的灌浆区域的周边间隙封堵可靠性和是否在套筒远端排浆口设置了高位的溢流排浆兼补浆锥斗。

（2）灌浆完成后，可进行实体局部破损抽样检测其灌浆饱满度。检查数量：抽样检查，装配式剪力墙结构起始前2层每个楼层抽检1组（3个）套筒，后续施工每5层抽检1组（3个）套筒。装配式框架结构首层抽检1组（3个）套筒，后续5层抽检1组（3个）套筒；检查方法：包括非破损检测法和局部破损检测法。非破损检测方法有X光检测、超声检测、探头检测、埋置检测等；局部破损检测法是对抽检部位的灌浆套筒进行局部破损检测。局部破损检测见图3-3-20，用钢筋位置探测仪探明预制构件内的钢套筒准确位置，电锤剥除钢套筒外侧壁混凝土保护层；用合金钻头对准外侧壁上套筒内钢筋连接需要的锚固长度位置直接钻孔，孔径为4 ~ 6mm。钻至灌浆料时停止，用肉眼和手电直接检查套筒内灌浆的饱满状况。如有灌孔现象，再向下间隔一定距离钻孔，探明不饱满状态，做出该套筒灌浆饱满度的评价；对于完成灌浆饱满度局部破损检测的套筒，采用袋装强度不小于60MPa的封缝料拌制后分层抹灰填实。

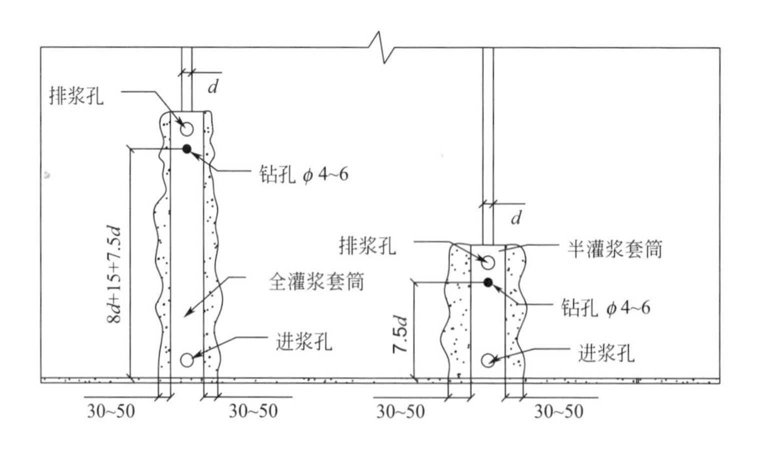

图 3-3-20 套筒灌浆局部钻孔检测示意图

◎工作难点4：现场套筒灌浆时所做的灌浆料试块送检检测结果为无效或不合格。

解析

1．检测中心出具灌浆料试块评判依据为《钢筋套筒灌浆连接应用技术规程（2023年版）》JGJ 355，根据规定要求28d的抗压强度大于等于85MPa，当一组试块先做抗折再做抗压试验，检测结果单个值如97.6、90.6、62.7、70.9、79.5、80.1时，该组试块单项评定为“无效”；当有的检测结果为83.7MPa时，该组试块单项评定为“不合格”。出现此类问题的主要原因为：

（1）灌浆料试块的试模为非标塑料试模，试模制作不标准，并有轻微变形。拆模时采用倒扣敲击取出灌浆试块。

（2）灌浆料拌制时未严格进行用水量控制。因为套筒灌浆料的水灰比一般在0.12～0.14之间，其用水量对试块强度十分敏感，在一般气温下，水灰比取小值，即0.12。

（3）试块制作方式不对，试块制作后未达到最低要求强度进行搬动或施工现场养护不标准。

2．避免出现此类问题的有效措施为：试模应符合《水泥胶砂试模》JC/T 726中技术要求的规定，采用标准钢试模。

（1）试块成型前试模的准备工作

1）试块制作前应确保试模的洁净；

2）成型前应用黄干油或者其他密封材料涂覆模型的外接缝，防止成型过程中浆料的外漏；

3）试模安装紧固后，隔板与端板的上表面应平齐，试模隔板应紧靠定位螺钉，确保试块尺寸符合检测要求，如不注意，往往使得试块的形状不是规范的棱柱体，那么在做抗压强度试验时导致试块偏心受压，抗压强度将会明显低于实际强度；

4）试模的内表面应涂上一薄层隔离剂或者机油，以防脱模过程中对试块造成损坏。

（2）灌浆料的搅拌与成型

1）灌浆料搅拌时应严格控制水灰比，按照生产厂家提供的说明书上的比例加水，不得为了灌浆方便擅自改变配比。水灰比的微小增加将导致灌浆料试块强度的急剧降低。

2）灌浆料的搅拌用水应符合《混凝土用水标准》JGJ 63—2006，如果无自来水可用，只能使用地下水或河水，则应经过检测方可使用。

3）搅拌时应注意搅拌时间的控制。按每袋灌浆料重量所需的用水量精准称量后倒入拌浆桶，先倒入2/3灌浆料搅拌1 ~ 2min，再倒入剩余的1/3灌浆料，并继续搅拌3 ~ 4min，并静置3min，排除气泡。将浆体灌入试模，至浆体与试模的上边缘齐平，成型过程中不应振动试模，宜在7min左右完成搅拌和成型。

4）将装有浆体的试模静置2h后去掉留在模子四周的灌浆料，然后将试模移入养护箱。

（3）套筒灌浆料试块的养护和拆模

1）尽量采取措施防止灌浆料试块早期的失水，水泥基灌浆料强度的主要“贡献者”是水泥，水泥只有充分水化后才会发挥其最大的作用。

2）养护箱的温度应为20℃ ±1℃，相对湿度应大于90%，在养护箱中养护的时间可以是24 ~ 48h，然后编号、拆模。如果是同时制作多组灌浆料试块，一定要按同一试模内同组编号，以防无效试块的出现。拆模后应立即放入养护箱中养护。

3）拆模控制，部分试块在拆模时受伤，这也会导致灌浆料试块不合格，所以拆模时应使用橡皮锤，试块应轻拿轻放，防止破损造成试块不符合要求。

第4章　设备与管线工程施工工作难点及解析措施

4.1　预留孔洞

◎工作难点：预制构件预留孔洞规格尺寸、数量不符合图纸要求，中心线位置偏移超差等问题见图4-1-1。预留孔洞尺寸或位置不准确的实例见图4-1-2。有的预留洞较大，开孔时构件内钢筋无法避开，未有相应的结构构造补强措施，影响构件质量。

图4-1-1　预留孔洞位置偏移超差

图4-1-2　预留孔洞尺寸或位置不准确

解析

预留孔洞尺寸或位置不准确的原因主要包括：

（1）模具制作时遗漏预留孔洞定位孔或定位孔中心线位置偏移超差。

（2）构件生产过程中生产人员及专检人员未按图施工，导致预留孔洞规格尺寸使用错误、数量缺失或中心线位置偏移超差。

（3）预留孔洞未固定牢固，混凝土振捣时移位或脱落。

（4）拆模时，操作工人野蛮施工，导致预留孔洞位置损坏严重。

相关措施包括：

（1）预制构件制作模具应满足构件预留孔洞的安装定位要求。

（2）混凝土浇筑前，生产人员及质检人员共同对预留孔洞规格尺寸、位置、数量及安装质量进行仔细检查，验收合格后，方可进行下道工序。检查验收发现位置误差超出要求、数量不符合图纸要求等问题，必须重新施作。

（3）预留孔洞安装时，应采取妥善、可靠的固定保护措施，确保其不移位、不变形，防止振捣时位移及脱落。如发现预埋孔洞模具在混凝土浇筑中移位，应停止浇筑，查明原因，妥善处理，并注意一定要在混凝土凝结之前重新固定好预留孔洞。

（4）如果遇到预留孔洞与其他线管、钢筋或预埋件发生冲突时，要及时上报，严禁自行进行移位处理或其他改变设计的行为出现。同时，浇筑混凝土前，应对预留孔洞进行封闭或填充处理，避免出现被混凝土填充等现象，若浇筑时，出现混凝土进入预留孔洞模板内，应立即对其进行清理，以免影响结构物的使用。

（5）混凝土振捣时在预留孔洞附近应小心谨慎，振捣棒不能离预留孔洞模板太近，捣固应密实，以防止预留孔洞中心线移位或预留孔洞外边缘变形等而出现质量通病。

（6）拆模时，待该部位混凝土达到足够强度后进行，并采取轻拆轻放的方法，严禁使用撬棍硬撬，以免损坏预留孔及其周边混凝土结构。构件脱模后，生产人员及专检人员要对预留孔洞位置、规格尺寸、数量等进行复查，确认误差是否在允许范围内。

4.2 线盒、线管等预埋件

◎**工作难点：**预制构件中的线盒、线管、吊点、预埋铁件等预埋件中心线位置、埋设高度等问题超过规范允许偏差值，相关实例见图4-2-1和图4-2-2。

图4-2-1 线盒、线管预埋不准确

图4-2-2 预埋深度不准确

解析

预埋件问题在构件生产中发生频次较高，造成返工修补，影响生产进度，更严重的会影响工程后期施工使用。存在的问题如下：

（1）线盒、预埋铁件、吊母、吊环、防腐木砖等中心线位置超过规范允许偏差值。

（2）外购或自制预埋件质量不符合图纸及规范要求。

（3）预埋件规格使用错误，安装数量不符合图纸要求。

（4）预埋件未做镀锌处理或未涂刷防锈漆。

（5）墙板灌浆套筒规格使用错误，导致构件重新生产。

（6）预埋件埋设高度超差严重，影响工程后期安装使用。尤其成品检查验收中多次出现的预埋线盒上浮、内陷问题。

（7）墙板未预留斜支撑固定吊母，导致安装时直接在预制墙板上打孔，用膨胀螺栓固定。

（8）浇筑振捣过程中，对套筒、注浆管或者是预埋线盒、线管造成堵塞、脱落问题。

线盒、线管等预埋件预埋不准确的原因主要包括：

（1）外购预埋件或自制预埋件未经验收合格，直接使用。

（2）模具制作时遗漏预埋件定位孔、定位孔中心线位置偏移超差或预埋件定位模具高度超差。定位工装使用一定次数后出现变形，导致线盒内陷（上浮）等质量通病。

（3）构件生产过程中生产人员及专检人员未对照设计图纸检查，导致预埋件规格使用错误、数量缺失、埋设高度超差或中心线位置偏移超差等问题发生。

（4）操作工人生产时不够细致，预埋件没有固定好。

（5）混凝土浇筑过程中预埋件被振捣棒碰撞。

（6）抹面时没有认真采取纠正措施。

相关措施包括：

（1）预埋件应按设计材质、大小、形状制作，外购预埋件或自制预埋件必须经专检人员验收合格后，方可使用。

（2）预制构件制作模具应满足构件预埋件的安装定位要求，其精度应满足标准规范要求。《装配式混凝土结构技术规程》JGJ 1—2014第11.4.2条规定：预埋线管、电盒在构件平面的中心线位置偏差20mm，与构件表面混凝土高差0 ~ 10mm。

（3）混凝土浇筑前，生产人员及质检人员共同对预埋件规格、位置、数量及安装质量进行仔细检查，验收合格后，方可浇筑。检查验收发现位置误差超出要求、数量不符合图纸要求等问题，必须重新施作。

（4）预埋件安装时，应采取可靠的固定保护措施及封堵措施，确保其不移位、不变形，防止振捣时堵塞及脱落。易移位或混凝土浇筑中有移位趋势的，必须重新加固。如发现预埋件在混凝土浇筑中移位，应停止浇筑，查明原因，妥善处理，并注意一定要在混凝土凝结之前重新固定好预埋件。

（5）如果遇到预埋件与其他线管、钢筋或预埋件等发生冲突时，要及时上报，严禁自行进行移位处理或其他改变设计的行为出现。

（6）解决抹灰面线盒内陷（上浮）质量问题除了保证工装应固定牢固，保持平面尺寸外，还须定期校正工装变形，及时调整，更为关键的是要在抹面时进行人工检查和调整。模板面线盒内陷（上浮）质量问题最好的控制办法是在底模上打孔固定，且振捣时避免直接振捣该部位造成上浮、扭偏。

（7）加强过程检验，切实落实“三检”制度。浇筑混凝土过程中避免插入式振捣棒直接碰触钢筋、模板、预埋件等。在浇筑混凝土完成后，认真检查每个预埋件的位置，及时发现问题，进行纠正。

4.3 装配式支架施工

4.3.1 C型钢装配式成品支架

适用于工业与民用建筑工程中多种管线在狭小空间场所布置的支吊架安装，特别适用于建筑工程的走廊、地下室等管线集中的部位、综合管廊建设的管道、电气桥架管线、风管等支吊架的安装。

【工作特点】

根据BIM模型确认的机电管线排布，通过数据库快速导出支吊架型式，从供应商的产品手册中选择相应的成品支吊架组件或经过强度计算，根据结果进行支吊架型材选型、设计，工厂制作装配式组合支吊架，在施工现场仅需简单机械化拼装即可成型，减少现场测量、制作工序，降低材料损耗率和安全隐患，实现施工现场绿色、节能。

成品支架由C型钢及零部件拼装而成，通过不同配件的组装可以灵活搭配成各种应生产需求的式样，满足各种施工环境。成品支架的选型需进行受力计算，根据受力计算，选择合适的规格型号及相应的零部件。如图4-3-1所示。

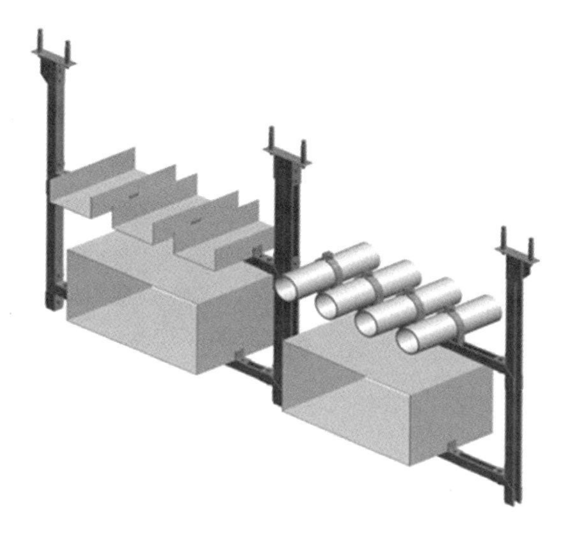
图4-3-1　成品支架组合样式

解 析

1. C型钢装配式成品支架设计需包含成品支架型式设计及成品支架安装位置设计；

2. 完成成品支架型式设计的C型钢装配式成品支架需进行抗剪及抗弯受力计算，且保证其荷载在型钢承受范围内；

3. C型钢装配式成品支架设计前，项目需完成综合管线排布，并根据综合管线排布成果进行型式设计；

4. 成品支架设计完成后，需复核现场结构条件，并根据现场情况对设计进行微调。

【实施效果】

产品由一系列标准化构件组成，所有构件均采用成品，产品质量稳定，且具有通用性和互换性，一般只需2人即可进行安装，安装操作简易、高效，明显降低劳动强度。施工现场无电焊作业产生的火花，从而消除了施工过程中的火灾事故隐患。

主材选用的是符合国际标准的轻型C型钢，相对于传统支吊架所用的槽钢、角钢等材料可减轻15% ~ 20%，明显减少了钢材使用量，节约了能源消耗，减少安装施工人员及施工设备投入，能有效节约施工成本。

4.3.2　C型钢装配式抗震支架

抗震支架系列产品执行《建筑机电工程抗震设计规范》GB 50981—2014，通过《建筑机电设备抗震支吊架通用技术条件》CJ/T 476—2015的相关测试，适用于各种管道、电缆桥架、风管的抗震支架安装，全预制装配配件，安装简单、快捷、灵活。产品包括：多管单向抗震支架、多管双向抗震支架、单管单向抗震支架、单管双向抗震支架、风管单向抗震支架、风管双向抗震支架、桥架单向抗震支架、桥架双向抗震支架、大跨度多管双向抗震支架等。

【工作特点】

C型钢装配式抗震支架主要通过抗震支架主体与侧向、纵向斜撑实现抗震功能；建筑机电工程抗震设计内容应包括地震作用计算和建筑机电设备支架、连接件或锚固件的截面承载力抗震验算（图4-3-2）。

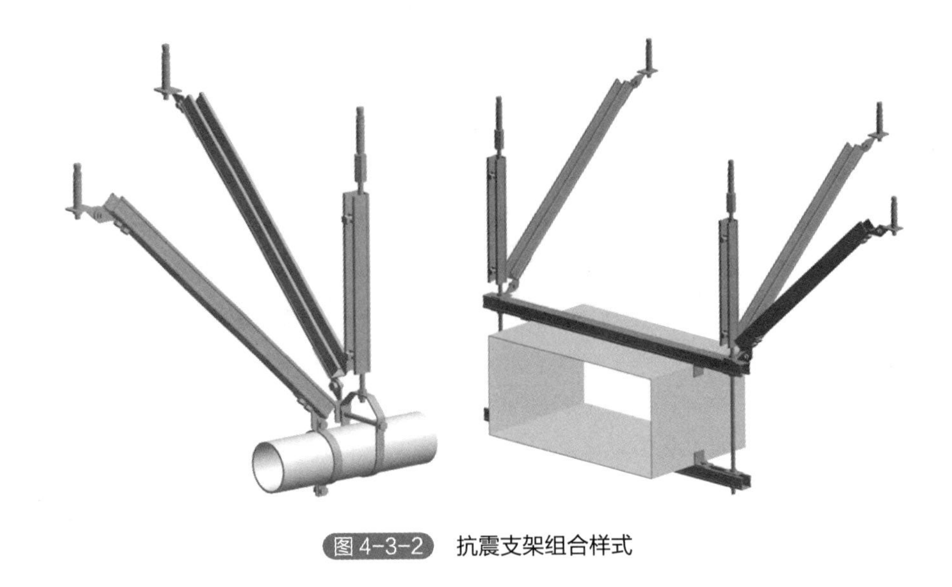

图 4-3-2　抗震支架组合样式

解析

1. 水平管线侧向及纵向抗震支吊架间距应满足《建筑机电工程抗震设计规范》GB 50981—2014 中第 8.2.3 条的要求；

2. 由于不同系统管道的震动效果不同，抗震支架设计时应尽量避免不同系统管线间共用支架；

3. 抗震支架设计包含抗震支架型式设计及抗震支架位置布置，设计前项目部需提供已完成的综合支架排布图，或现场已施工完成的管线平面图。

【实施效果】

产品由一系列标准化构件组成，所有构件均采用成品，产品质量稳定，且具有通用性和互换性。经过设计计算，可满足规范要求的抗震防震需求，有效降低地震带来的次生灾害。

4.3.3　装配式型钢支吊架（槽钢）

该产品适用于顶部生根，管道较多、较重，C 型槽钢不能满足管道承载力的部位。

【工作特点】

根据 BIM 模型确认的机电管线排布图，确定支吊架样式，经过强度计算，根据强度计算结果进行支吊架型材选型、设计，工厂制作装配式组合支吊架，在施工现场仅需简单机械化拼装即可成型，具有安装快速、安全耐久、无需焊接等特点。如图 4-3-3 所示。

解析

1. BIM模型精细至毫米级，需出具设计支架平面图及节点详图，确保按BIM模型加工后，现场装配误差控制在可调范围内。

2. 连接方式由焊接改为螺栓连接，强度计算准确无误，保证每个支架受力安全。

3. 设计时需考虑现场人工安装作业的误差调控需求，非承重的螺栓孔洞采用椭圆形设计。

图4-3-3　装配式型钢支吊架

4. 相同规格的槽钢组件应在设计时采用标准化构件，并建立装配式槽钢支吊架标准化构件图集，降低预制安装难度、节省预制时间。

5. 装配式支吊架的安装位置设计应满足综合管道承重需求及现场安装条件，做到美观大方实用。

【实施效果】

作业现场无污染，安装效果美观，成品坚固耐用，节省工期及成本。

4.3.4　装配式型钢支吊架（H型钢）

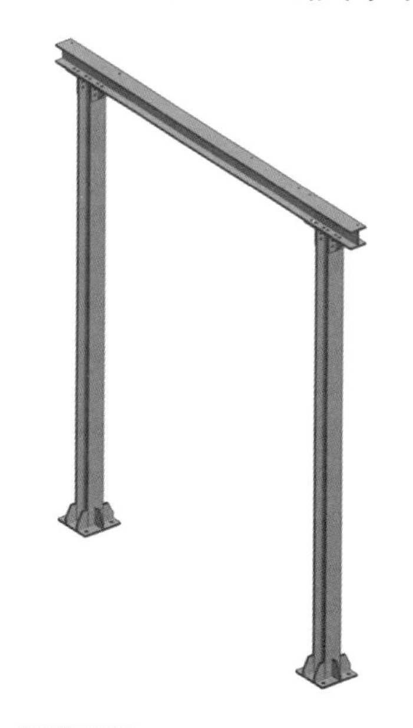

图4-3-4　H型钢装配式支吊架

该产品适用于工业与民用建筑工程中管道集中，管道自身荷载较重，支架落地安装的位置。

【工作特点】

根据BIM模型确认的机电管线排布图，确定支吊架样式，经过强度计算，根据计算结果进行支吊架型材选型、设计，工厂制作装配式组合支吊架，在施工现场仅需简单机械化拼装即可成型，具有安装快速、安全耐久、无需焊接等特点。如图4-3-4所示。

目前H型钢装配式支吊架主要应用于机房等管线较密集且自重较大的部位。

解 析

1. BIM模型精细至毫米级，需出具设计支吊架平面图及节点详图，确保按BIM模型加工后，现场装配误差在可调范围内。

2. 相同型号的H型钢组件应在设计时采用标准化构件，并建立H型钢装配式支吊架标准化构件图集，降低预制安装难度、节省预制时间。

3. 设计时需考虑现场人工安装作业的误差调控需求，非承重的螺栓孔洞采用椭圆形设计。

4. 装配式支吊架的安装位置设计应满足综合管道承重需求及现场安装条件，做到美观大方实用。

【实施效果】

装配式重型成品支吊架具有现场装配完全零切割、零焊接，美观、耐用、可预制、可拼装、拆改方便等优点，同时在降低成本、缩短施工周期、环境保护和使用性能方面都优于传统支吊架。

第5章　建筑装饰工程施工工作难点及解析措施

5.1　外挂墙板施工

◎**工作难点：**预制外挂墙板结构图见图5-1-1，其工作难点包括：（1）预制外挂墙板入场应严格验收，摆放和运输应规范操作；（2）构件吊装应按操作流程规范执行；（3）构件与建筑结构的连接应牢固可靠；（4）预制外挂墙板安装完毕后应及时检查、修补、清理和保护。

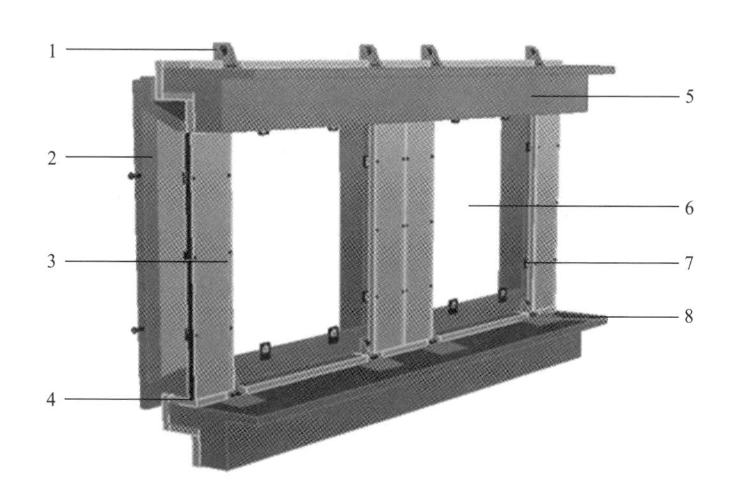

图5-1-1　预制外挂墙板结构图

1—转接件；2—预制外挂墙板；3—竖向保温区；4—层间保温区；
5—土建结构；6—预留窗洞口；7—外窗固定点；8—预埋件

解析

（1）预制外挂墙板应符合设计要求和国家现行有关标准的规定，且应具有保温、隔热、防潮、阻燃、耐污染等性能。

（2）构件型号、位置、节点锚固筋必须符合设计要求，且无变形损坏现象。

（3）预制外墙板防水构造做法必须符合设计要求。

（4）基本项目：构件接头、捻缝做法，应符合设计要求和施工规范的规定。焊缝长度符合要求，表面平整，无凹陷、焊瘤、裂纹、气孔、夹渣及咬边。

（5）预制外墙板表面洁净、色泽一致、接缝均匀、周边顺直无防水构造破损。

（6）预制外墙板安装完成后表面进出平正、洁净、颜色一致，接缝平整。

（7）预制外墙板进场后，应放在插放架内。

（8）运输、吊装操作过程中，应避免损坏外墙板防水构造，如披水台、挡水台、空腔等已有损坏，应及时修补后方可使用。墙板吊装见图5–1–2。

（9）预制外墙板就位时尽量要准确，保护已抹好的砂浆找平层，墙板就位见图5–1–3，安装时防止生拉硬撬。安装外墙板时，不得碰撞已经安装好的楼板，墙板紧固件安装及拼缝处理见图5–1–4和图5–1–5。

图5–1–2　预制外墙板吊装

图5–1–3　预制外墙板就位

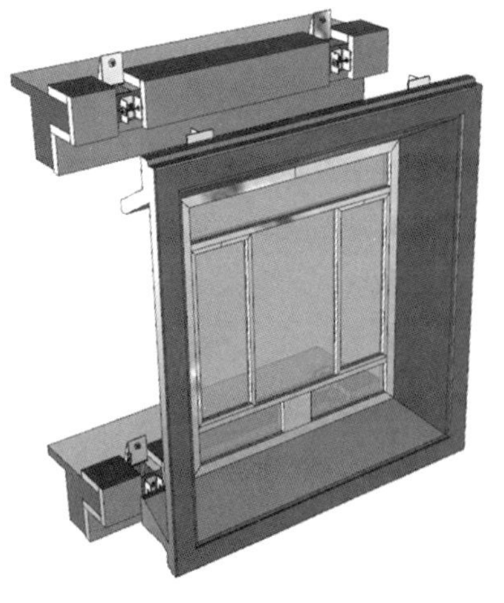

图5–1–4　紧固件安装

图5–1–5　整体拼缝处理

5.2　建筑幕墙施工

建筑幕墙主要包括构件式幕墙、玻璃幕墙、单元式幕墙等，装配式混凝土建筑应根据建筑物的使用要求、建筑构造，合理选择幕墙形式，宜采用单元式幕墙形式，单元式幕墙构造见图5–2–1，其安装图见图5–2–2。

单元式幕墙是幕墙面板（玻璃、石材、金属板等）与支撑框架在工厂制成完整的幕墙结构基本单元，直接安装在主体结构上的建筑幕墙。同时也是最常见的装配式幕墙。

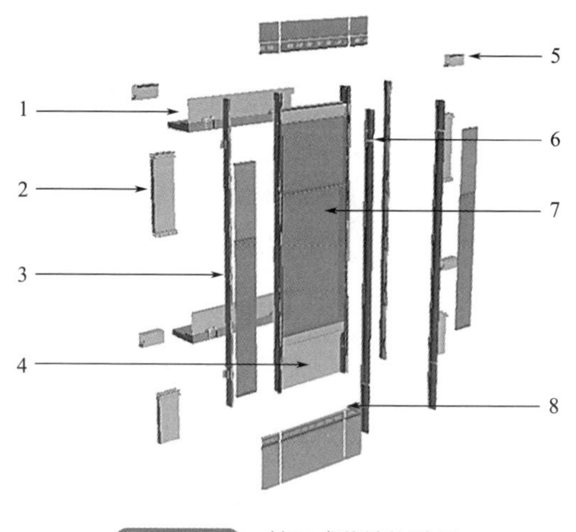

图5–2–1　单元式幕墙构造图

1—结构楼板；2—层间保温系统；3—立柱；4—层间背衬板；5—转接件；6—装饰线条；7—玻璃面板；8—层间装饰线条

图5–2–2　单元式幕墙板块安装图

◎**工作难点：**（1）编制测量专项方案并执行，同时检查预埋件位置与结构，及时记录和纠偏；（2）幕墙板块和构配件入场应严格验收，摆放和运输应规范操作；（3）幕墙板块吊装时应按操作流程规范执行；（4）幕墙板块与建筑结构的连接应牢固可靠；（5）板块安装完毕后应及时检查、修补、清理和保护。

解析

（1）测量放线

建筑玻璃幕墙测量之前应根据设计文件及建筑特点编制测量专项方案，经审批合格后实施。放线应在结构沉降、变形趋于稳定后进行；放线时，作业面应清理干净，保持视线良好，且风力应小于4级。测量放线示意见图5–2–3。

（2）单元吊装机具

应根据单元板块选择适当的吊装机具，并与主体结构安装牢固；吊装机具使用前，应进行全面质量、安全检验；吊具设计应使其在吊装中与单元板块之间不产生水平方向分力；吊具运行速度应可控制，并有安全保护措施；吊装机具应采取防止单元板块摆动的措施。常见吊装设备见图5–2–4。

图5–2–3　测量放线示意图

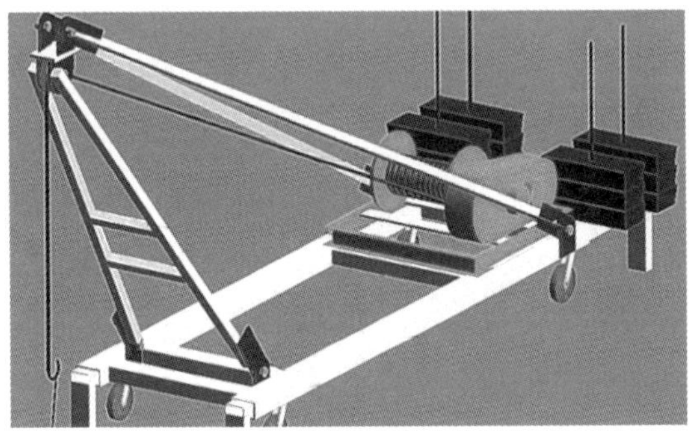

图5–2–4　常见吊装设备示意图

（3）单元构件运输

运输前单元板块应按顺序编号，并做好成品保护；装卸及运输过程中，应采用有足够承载力和刚度的周转架，衬垫为弹性垫，保证板块相互隔开并相对固定，不得相互挤压和串动；超过运输允许尺寸的单元板块，应采取特殊措施；单元板块应按顺序摆放平衡，不应造成板块或型材变形；运输过程中，应采取措施减少颠簸。

（4）场内堆放单元件

宜设置平整清洁的专用堆放场地，并应有安全保护措施；宜存放在周转架上；应按照安装顺序先出后进的原则按编号排列放置；不应直接叠层堆放；不宜频繁装卸。

（5）起吊和就位

吊点和挂点应符合设计要求，吊点不应少于2个，必要时可增设吊点加固措施并试吊；起吊单元板块时，应使各吊点均匀受力，起吊过程应保持单元板块平稳；吊装升降和平移应使单元板块不摆动、不撞击其他物体；吊装过程应采取措施保证装饰面不受磨损和挤压；单元板块就位时，应先将其挂到主体结构的挂点上，板块未固定前，吊具不得拆除。

（6）连接件安装

安装允许偏差应符合相关规定要求；节点固定方式应符合设计要求；防腐、

防锈应按设计要求；连接件位置应符合设计要求；不同金属接触需设置防腐绝缘垫片；玻璃与梁柱接触，需采用柔性垫片和防松措施。

（7）校正及固定

单元板块就位后，应及时校正；校正后，应及时与连接部位固定，并应进行隐蔽工程验收；单元式幕墙安装固定后的偏差，应符合相关规范和设计要求；单元板块固定后，方可拆除吊具，并应及时清洁单元板块的型材槽口；若暂停安装单元板，应将插槽口等部位进行保护；安装完成的单元板块应及时进行成品保护。幕墙安装调节见图5-2-5。

图5-2-5　幕墙安装调节图

5.3　外门窗施工

◎**工作难点：**（1）门窗和配件入场应严格验收，摆放和运输应规范操作；（2）门窗与建筑结构的连接应牢固可靠；（3）门窗安装完毕后应及时检查、修补、清理和保护。

解析

（1）外门窗及附件的质量、位置、开启方向、与墙连接位置、数量必须符合设计要求和有关标准规定。

（2）外门窗框和副框的安装应牢固。预埋件及锚固件的数量、位置、埋设方式、与框的连接方式必须符合设计要求，外门窗框五金安装示意见图5-3-1。

（3）外门窗应保证各楼层的窗上下顺直，左右通平。

（4）外门窗必须具有可靠的刚性。否则，必须增设加固件，并应做好防腐、防锈处理。

（5）组合外门窗安装前应进行试拼装。

（6）开启部位的安装，要确保按工艺要求安装止水胶条，杜绝渗水现象，窗框防水示意见图5-3-2。

图5-3-1 外门窗五金安装图

图5-3-2 窗框防水示意图

5.4 金属屋面施工

◎**工作难点：**（1）编制测量专项方案并执行，同时检查预埋件位置与结构，及时记录和纠偏；（2）金属屋面板块、檩条、固定支座和其他构配件入场应严格验收，摆放和运输应规范操作；（3）板块和檩条吊装时应按操作流程规范执行；（4）板块、檩条、固定支座与建筑结构的连接应牢固可靠；（5）板块安装完毕后应及时检查、修补、清理和保护。

解析

（1）金属屋面测量之前应根据设计文件及建筑特点编制测量专项方案，经审批合格后实施。放线应在结构沉降、变形趋于稳定后进行；放线时，作业面应清理干净，保持视线良好，且风力应小于4级；

（2）檩条布置安装要准确，该步骤是控制建筑物外观效果的关键；

（3）檩条疏密布置要合理，该步骤是建筑物整体结构安全的保障；

（4）固定支座的高程控制是对檩条位置、高程的细化调整，是建筑物外观的最终保障，其安装示意见图5-4-1；

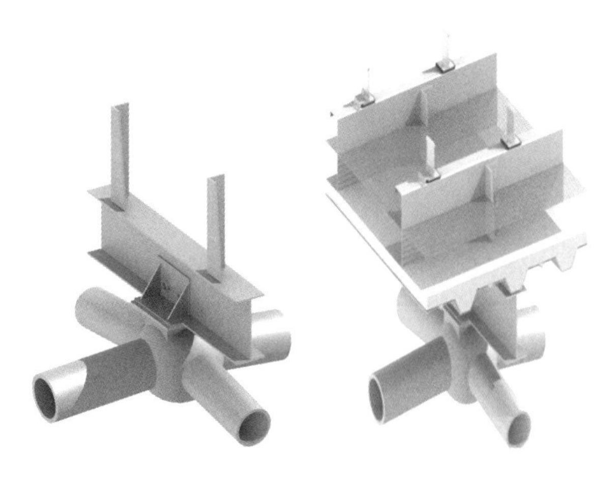

图5-4-1 金属屋面基层转接件安装、固定支座安装图

（5）施工过程中，要随时观测，

以便及时发现和调整安装过程中的误差和偏移。

5.5　装配式隔墙施工

装配式隔墙包括板材隔墙、骨架隔墙、玻璃隔墙、活动隔墙等，装配式隔墙的结构图和骨架图分别见图5-5-1和图5-5-2。

◎**工作难点：**（1）板材加工前应根据设计和现场进行测量放线和排板；排板时应综合考虑安装次序、门窗洞位置、附墙设备和穿墙管线等；（2）隔墙板材及构配件入场验收应严格，摆放和运输应规范操作；（3）隔墙板材及构件应安装牢固；（4）隔墙上孔洞处理应符合要求，附墙设备和穿墙管线应符合规范。

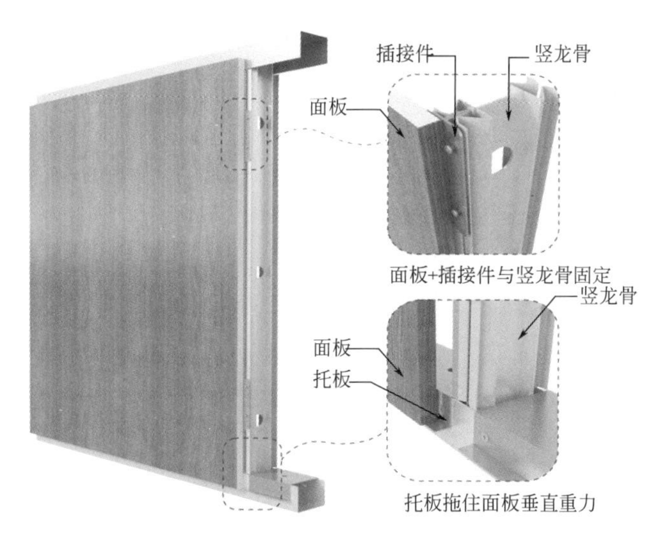

图5-5-1　装配式隔墙结构图

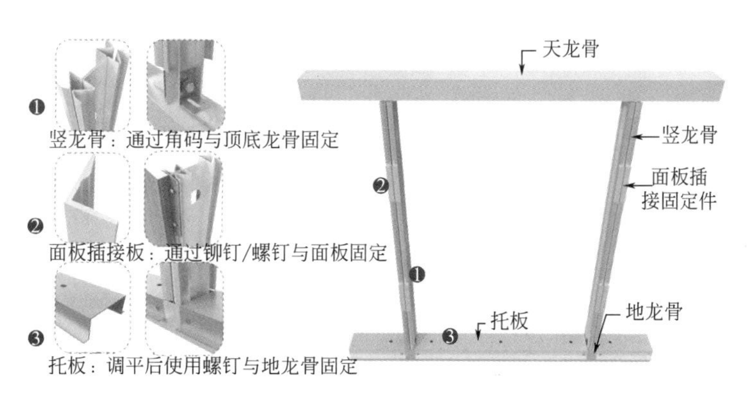

图5-5-2　装配式隔墙骨架图

解 析

（1）板材隔墙施工要点

① 安装隔墙板材所需预埋件（或后置埋件）、连接件的位置、数量、规格、连接方法及防腐处理必须符合设计要求；

② 隔墙板材的品种、规格、颜色和性能应符合设计要求。有隔声、隔热、阻燃、防潮等特殊要求的工程，材料应有相应性能等级的检测报告；

③ 隔墙板材安装应牢固、位置正确，板材不应有裂缝或缺损；

④ 隔墙板材所用接缝材料的品种及接缝方法应符合设计要求；

⑤ 板材隔墙表面应光洁、平顺、色泽一致，接缝应均匀、顺直；

⑥ 隔墙上的孔洞、槽、盒应位置正确、套割吻合、边缘整齐。

（2）骨架隔墙施工要点

① 骨架隔墙所用龙骨、配件、墙面板、填充材料及嵌缝材料的品种、规格、性能应符合设计要求。有隔声、隔热、阻燃、防潮等特殊要求的工程，材料应有相应性能等级的检测报告；

② 骨架隔墙沿地、沿顶及边框龙骨必须与基体结构连接牢固；

③ 骨架隔墙中龙骨间距和构造连接方法应符合设计要求。骨架内设备管线的安装、门窗洞口等部位加强龙骨的安装应牢固、位置正确。填充材料的品种、厚度及设置应符合设计要求；

④ 骨架隔墙的墙面板应安装牢固，无脱层、翘曲、折裂及缺损；

⑤ 墙面板所用接缝材料的接缝方法应符合设计要求；

⑥ 骨架隔墙内的填充材料应干燥，填充应密实、均匀、无下坠；

⑦ 骨架隔墙表面应平整光滑、色泽一致、洁净、无裂缝，接缝应均匀、顺直；

⑧ 隔墙上的孔洞、槽、盒应位置正确、套割吻合、边缘整齐。

（3）玻璃隔墙施工要点

装配式玻璃隔断构造见图5–5–3，施工中应注意：

① 玻璃隔墙的沿地、沿顶及边框龙骨与基体结构连接牢固，隔墙中竖龙骨间距和构造连接应符合设计要求；

② 有框玻璃板隔墙的受力杆件应与基体结构连接牢固，玻璃板安装橡胶垫位置应正确。玻璃板安装应牢固，受力应均匀；

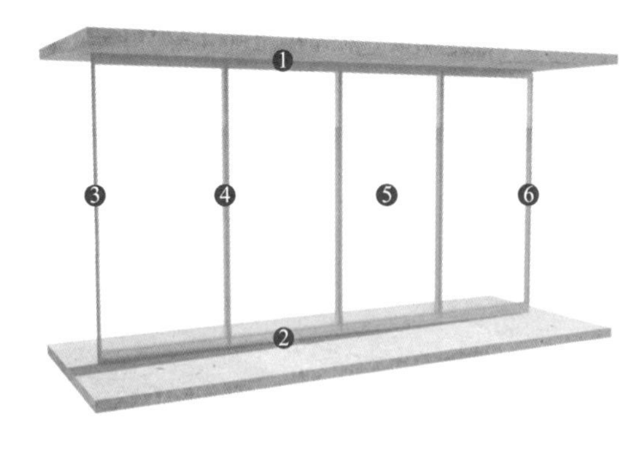

图 5–5–3 装配式玻璃隔断示意图

1—天轨；2—地轨；3—边框；4—单元板块；5—特制钢件；6—收口盖板（插接式转角）

③ 玻璃隔墙工程所用材料的品种、规格、图案、颜色和性能应符合设计要求。玻璃板隔墙应使用安全玻璃；

④ 门扇与玻璃墙板的连接、安装位置应符合设计要求；

⑤ 百叶与玻璃隔墙的连接、安装位置应符合设计要求，表面应色泽一致、平整光滑、遮光严密；

⑥ 玻璃隔墙接缝应横平竖直，玻璃无裂痕、缺损和划痕。嵌缝应密实平整、均匀顺直、深浅一致；

⑦ 玻璃隔墙表面应色泽一致、平整洁净、清晰美观。

（4）活动隔墙施工要点

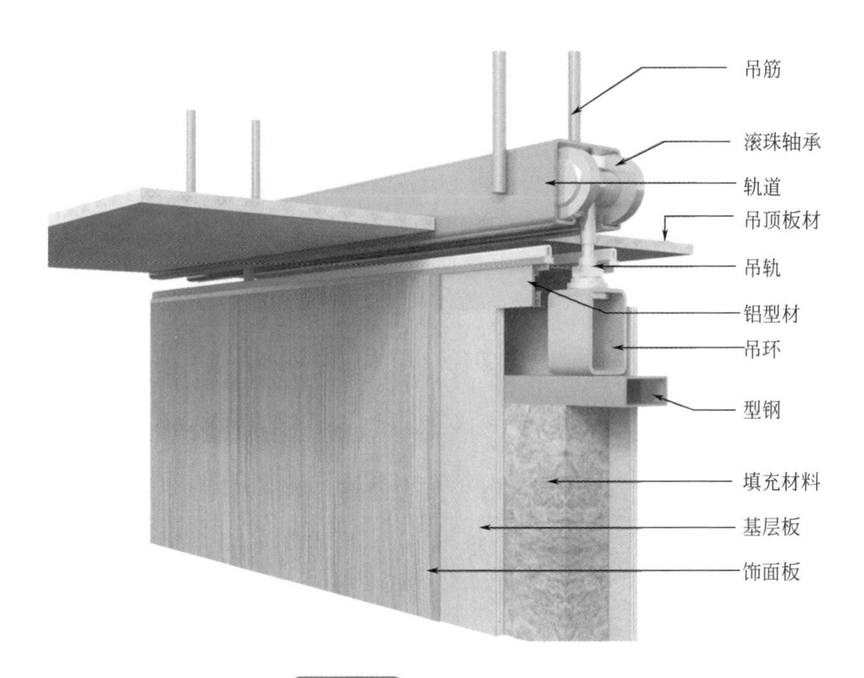

图 5-5-4　活动隔墙示意图

活动隔墙构造见图5-5-4，施工中应注意：

① 活动隔墙所用墙板、轨道、配件等材料的品种、规格、性能和人造木板甲醛释放量、燃烧性能应符合设计要求；

② 活动隔墙轨道应与基体结构连接牢固，并应位置准确；

③ 活动隔墙用于组装、推拉和制动的构件应安装牢固、位置正确，推拉应安全、平稳、灵活、无噪声；

④ 活动隔墙表面应色泽一致、平整光滑、洁净，线条应顺直、清晰；

⑤ 活动隔墙上的孔洞、槽、盒应位置正确、套割吻合、边缘整齐；

⑥ 活动隔墙推拉应无噪声。

5.6 装配式墙面施工

◎**工作难点：**装配式墙面饰面板上下口构造见图5-6-1，墙面骨架及管线安装示意见图5-6-2，其工作难点包括：（1）饰面板加工前应根据设计和现场进行测量放线和排板；排板时应综合考虑安装次序、门窗洞位置、附墙设备和穿墙管线等；（2）饰面板及构配件入场验收应严格，摆放和运输应规范操作；（3）饰面板及构件应安装牢固；（4）饰面板上孔洞处理应符合要求，附墙设备和穿墙管线应符合规范。

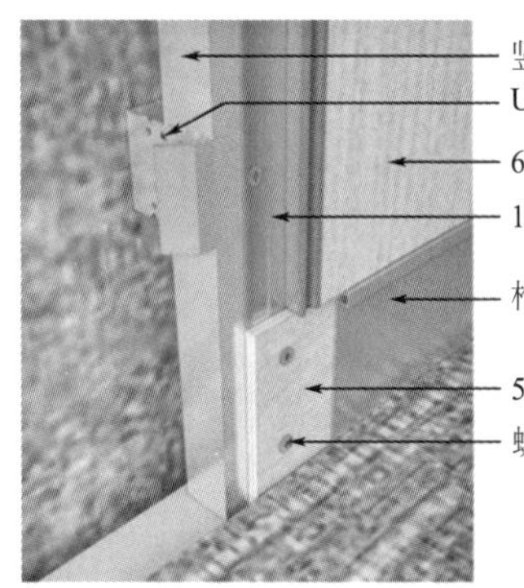

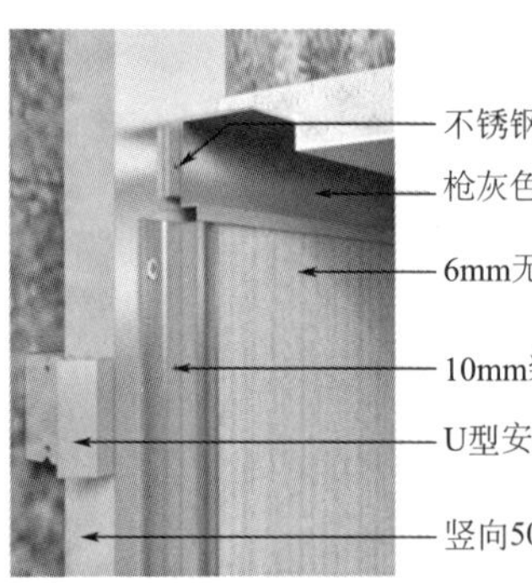

图5-6-1 装配式墙面饰面板上下口示意图

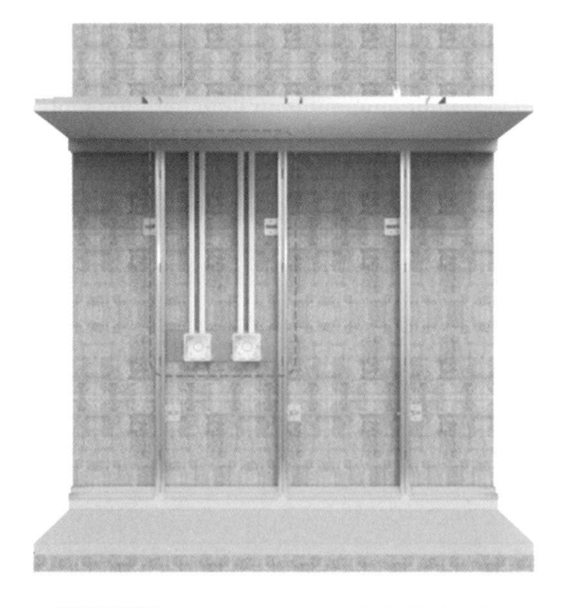

图5-6-2 装配式墙面骨架及管线安装示意图

解析

（1）饰面板安装工程的预埋件（或后置埋件）、龙骨、连接件的材质、数量、规格、位置、连接方法和防腐处理必须符合设计要求。饰面板安装应牢固；

（2）饰面板的品种、规格、颜色和性能应符合设计要求及国家现行标准的有关规定。木龙骨、木饰面板的燃烧性能等级应符合设计要求；

（3）饰面板表面应平整、洁净、色泽一致，无裂痕和缺损；

（4）饰面板接缝应平直，宽度和深度应符合设计要求，嵌填材料色泽应一致；

（5）饰面板上的孔、槽、盒应位置正确、套割吻合、边缘整齐。且必须在加工车间一次完成。

5.7　装配式吊顶施工

◎**工作难点：**装配式吊顶安装示意见图5-7-1，吊顶吊杆骨架和钢龙骨骨架安装示意见图5-7-2，其工作难点包括：（1）吊顶板加工前应根据设计和现场进行测量放线和排板，排板时应综合考虑安装次序、柱体位置、装饰灯槽、饰面板上设备等；（2）吊顶板及构配件入场验收应严格，摆放和运输应规范操作；（3）吊顶板及构件应安装牢固；（4）吊顶板上孔洞处理应符合要求，吊顶饰面板上设备安装应符合规范。

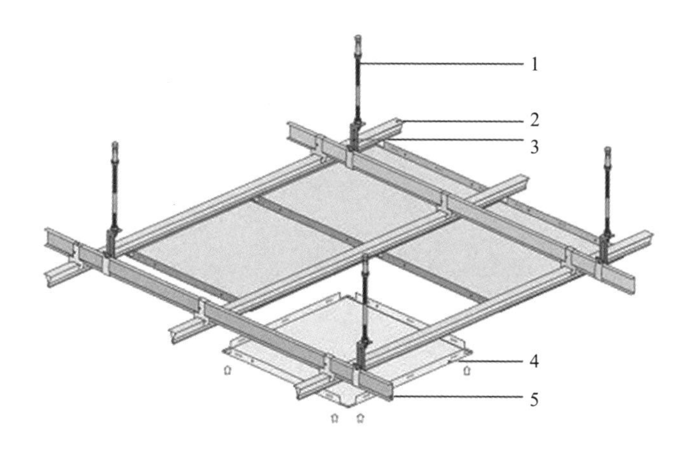

图5-7-1　装配式吊顶安装示意图（以方形铝扣板为例）

1—吊顶丝杆；2—三角龙骨；3—主吊件；4—方形铝扣板；5—主龙骨

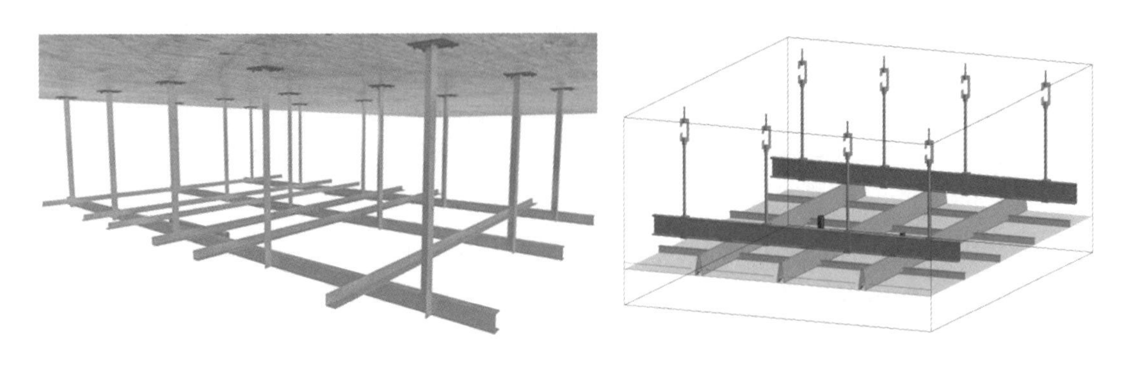

图 5-7-2 吊顶吊杆骨架和钢龙骨骨架安装示意图

解析

（1）吊杆和龙骨的材质、规格、安装间距及连接方式应符合设计要求。金属吊杆和龙骨应经过表面防腐处理；

（2）吊顶工程的吊杆、龙骨和面板的安装应牢固。如为明龙骨吊顶，饰面材料与龙骨的搭接宽度应大于龙骨受力面宽度的2/3；

（3）吊顶内填充吸声材料的品种和铺设厚度应符合设计要求，并应有防散落措施；

（4）面层材料的材质、品种、规格、图案、颜色和性能应符合设计要求及国家现行标准的有关规定；

（5）吊顶标高、尺寸、起拱和造型应符合设计要求；

（6）饰面板上的灯具、烟感器、喷淋头、风口篦子和检修口等设备的位置应合理、美观，与饰面板的交接应吻合、严密。

5.8 装配式地面施工

◎**工作难点：**装配式地面构造示意见图5-8-1，其工作难点包括：（1）施工前应根据设计和现场进行测量放线和排板；排板时应综合考虑安装次序、门洞及柱体位置、家具及设备摆放位置等；（2）地面板及构配件入场验收应严格，摆放和运输应规范操作；（3）地面板及构件应安装牢固；（4）地面板上孔洞处理应符合要求，门、柱、墙边安装应符合规范。

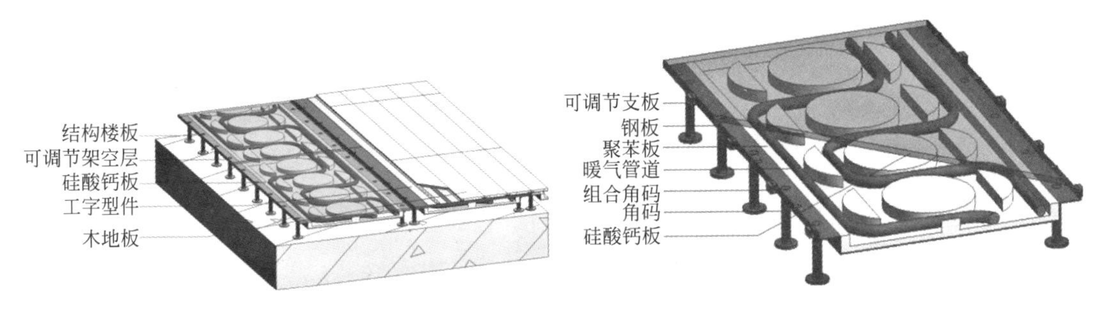

图 5-8-1 装配式地面构造示意图

解 析

（1）架空地板应符合设计要求和国家现行有关标准的规定，且应具有耐磨、防潮、阻燃、耐污染、耐老化和导静电等性能；

（2）架空地板面层应安装牢固，无裂纹、掉角和缺棱等缺陷；

（3）架空地板的支座必须位置正确，固定稳妥，横梁连接牢固，无松动；

（4）架空地板面层安装必须牢固，行走无声响，无摆动；

（5）架空地板面层应排列整齐、表面洁净、色泽一致、接缝均匀、周边顺直；

（6）面板表面平正、洁净、颜色一致，无污染、反锈等缺陷。

5.9 细部装饰部品部件

细部装饰部品部件主要包括栏杆、窗帘盒橱柜、门窗套等。

◎ **工作难点：** 装配式栏杆示意见图5-9-1，装配式窗帘盒示意见图5-9-2，其工作难点包括：（1）装饰部品部件加工前应根据设计和结合现场进行测量放线和复核尺寸；（2）装饰部品部件入场验收应严格，摆放和运输应规范操作；（3）装饰部品部件应安装牢固。

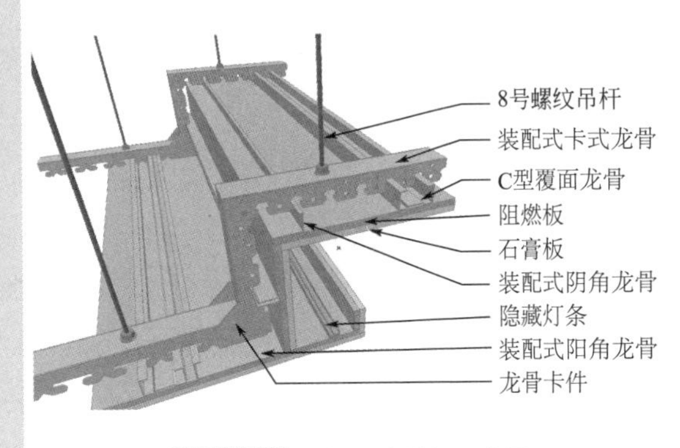

图 5-9-1 装配式栏杆示意图

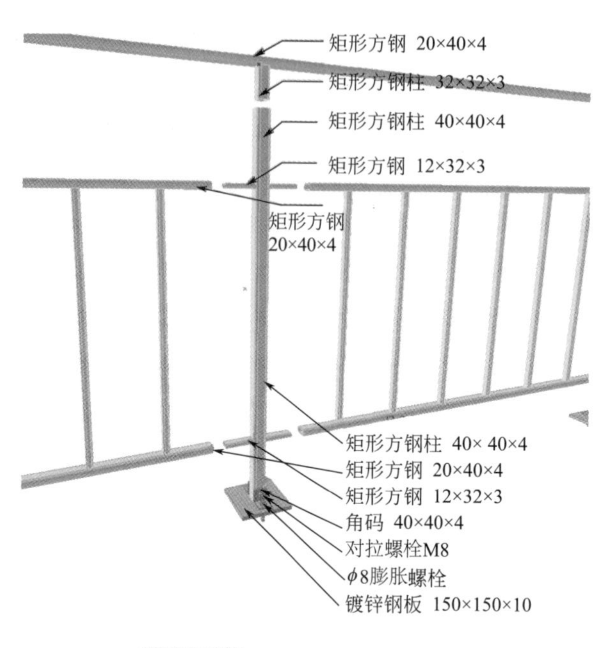

图 5-9-2 装配式窗帘盒示意图

解析

（1）橱柜安装要点

① 橱柜制作与安装所用材料的材质和规格、木材的燃烧性能等级和含水率、花岗石的放射及人造木板的甲醛含量应符合设计要求以及国家现行标准的有关规定。

② 橱柜安装预埋件或后置埋件的数量、规格、位置应符合设计要求。

③ 橱柜配件的品种、规格应符合设计要求。配件应齐全，安装应牢固。

④ 橱柜的造型、尺寸、安装位置、制作和固定方法应符合设计要求。橱柜安装必须牢固。

⑤ 橱柜的抽屉和柜门应开关灵活、回位正确。

⑥ 橱柜表面应平整、洁净、色泽一致，不得有裂缝、翘曲及损坏。

⑦ 橱柜裁口应顺直、拼缝应严密。

（2）窗帘盒安装要点

① 窗帘盒的制作与安装所使用材料的材质和规格、木材的燃烧性能等级和含水率及人造木板的甲醛含量应符合设计要求及国家现行标准的有关规定。

② 窗帘盒的造型、规格、尺寸、安装位置和固定方法必须符合设计要求。窗帘盒的安装必须牢固。

③ 窗帘盒配件的品种、规格应符合设计要求，安装应牢固。

④ 窗帘盒表面应平整、洁净、线条顺直、接缝严密、色泽一致，不得有裂

缝、翘曲及损坏。

⑤ 窗帘盒与墙面、窗框的衔接应严密，密封胶缝应顺直、光滑。

（3）门窗套安装要点

① 门窗套制作与安装所使用材料的材质、规格、花纹和颜色、木材的燃烧性能等级和含水率、花岗石的放射性及人造木板的甲醛含量应符合设计要求及国家现行标准的有关规定。

② 门窗套的造型、尺寸和固定方法应符合设计要求，安装应牢固。

③ 门窗套表面应平整、洁净、线条顺直、接缝严密、色泽一致，不得有裂缝、翘曲及损坏。

（4）护栏和扶手制作与安装要点

① 护栏和扶手制作与安装所使用材料的材质、规格、数量和木材、塑料的燃烧性能等级应符合设计要求。

② 护栏和扶手的造型、尺寸及安装位置应符合设计要求。

③ 护栏和扶手安装预埋件的数量、规格、位置以及护栏与预埋件的连接节点应符合设计要求。

④ 栏杆高度、栏杆间距、安装位置必须符合设计要求。护栏安装必须牢固。

⑤ 护栏和扶手转角弧度应符合设计要求，接缝应严密，表面应光滑，色泽应一致，不得有裂缝、翘曲及损坏。

⑥ 护栏玻璃应使用公称厚度不小于12mm的钢化玻璃或钢化夹层玻璃。当护栏一侧距楼地面高度为5m及以上时，应使用钢化夹层玻璃。

（5）花饰制作与安装质量控制要点

① 花饰的造型、尺寸应符合设计要求。

② 花饰制作与安装所使用材料的材质、规格应符合设计要求。

③ 花饰的安装位置和固定方法必须符合设计要求，安装必须牢固。

④ 花饰表面应洁净，接缝应严密吻合，不得有歪斜、裂缝、翘曲及损坏。

5.10 集成式卫生间、厨房

◎**工作难点：**整体卫浴和厨房示意分别见图5-10-1和图5-10-2，其工作难点包括：（1）施工准备阶段应根据设计和现场进行测量放线和型号规格复核；应重点复核平面净尺寸、净高尺寸、门窗洞位置、预留管线位置和标高等；（2）装饰面板及构配件入场验收应严格，摆放和运输应规范操作；（3）装饰面板及构件应安装牢固；（4）设备和穿墙管线安装应符合规范。

解析

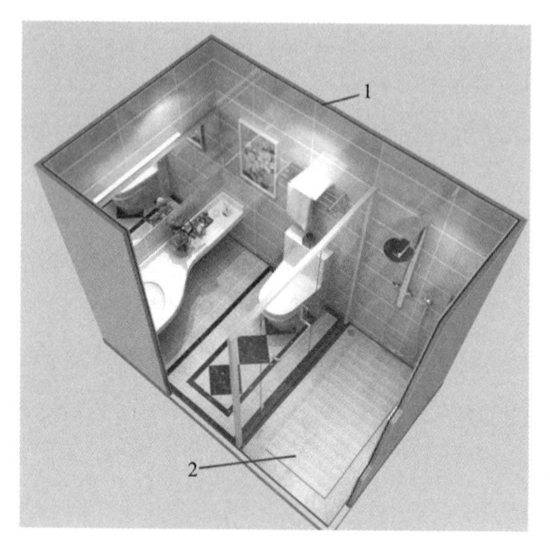

图 5-10-1　集成卫浴示意图

1—一体式墙板；2—整体式防水托盘

（1）整体卫生间、厨房面层材料的材质、品种、规格、图案、颜色应符合设计要求；

（2）整体卫生间内部尺寸、功能应符合设计要求；

（3）整体卫生间、厨房所用金属型材、支撑构件应经过表面防腐处理；

（4）整体卫生间的防水底盘、壁板和顶板的安装应牢固；

（5）整体卫生间壁板与外围墙体之间填充吸声材料的品种和铺设厚度应符合设计要求，并应有防散落措施；

（6）集成卫生间、厨房地面面层的坡度应符合设计要求，不倒泛水、无积水；与地漏、管道结合处应严密牢固、无渗漏；

（7）整体卫生间防水盘、壁板和顶板的面层材料表面应洁净、色泽一致，不得有翘曲、裂缝及缺损。压条应平直、宽窄一致；

（8）整体卫生间、厨房内的灯具、风口、检修口等设备设施的位置应合理，与面板的交接应吻合、严密。

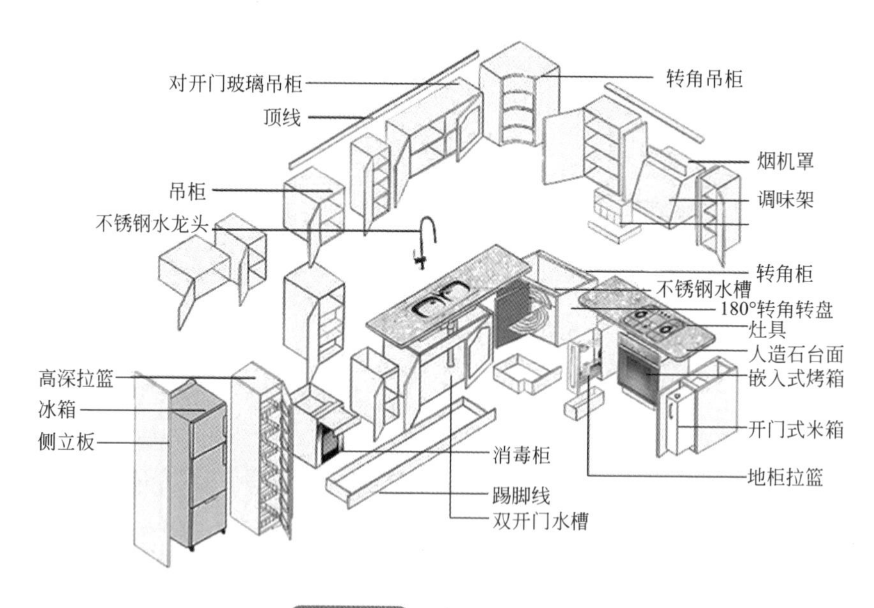

图 5-10-2　整体厨房示意图

创新篇

第6章 材料创新

6.1 防水材料

6.1.1 防水密封胶

1. 聚硫防水密封胶

聚硫密封胶是以液态聚硫胶为主要成分的非定形密封材料。随着大型墙板建筑体系的发展，聚硫密封胶在可动接缝防水密封中体现了它的真正价值。聚硫密封胶具有优异的耐候性、耐久性，能很好地粘结各种建筑材料，产品无毒，使变形缝具有热胀冷缩，变形移位同步协调的作用，广泛用于建筑、市政、地铁、隧道、桥梁等工程的伸缩缝、沉降缝等变形缝的嵌缝密封（图6–1–1和图6–1–2）。

图6–1–1 聚硫防水密封胶

图6–1–2 聚硫防水密封胶效果图

2. 聚氨酯防水密封胶（PU胶）

聚氨酯密封胶是以聚氨基甲酸酯为主要成分的非定形密封材料。聚氨酯密封胶的发展迄今已有30多年的历史，现已取代了用量最大的聚硫密封胶的地位。聚氨酯密封胶的主要特点见表6-1-1。

聚氨酯密封胶的主要特点 **表6-1-1**

项目	优点	缺点
聚氨酯密封胶	1. 优良的耐磨性； 2. 低温柔软性； 3. 性能可调节范围较广； 4. 机械强度高； 5. 粘结性好； 6. 弹性好； 7. 具有优良的复原性，可适用于动态接缝； 8. 耐候性好，使用寿命可达15～20年； 9. 耐油性能优良； 10. 耐生物老化； 11. 价格适中	1. 不能长期耐热； 2. 浅色配方容易受紫外线光老化； 3. 单组分胶贮存稳定性受包装及外界影响较大，通常固化较慢； 4. 高温热环境下可能产生气泡和裂纹

聚氨酯密封胶主要用于混凝土预制板的连接及施工缝的填充密封，门窗的木框四周及墙的混凝土之间的密封嵌缝，建筑物上轻质结构（如幕墙）的粘贴嵌缝，阳台、浴室等设施的防水嵌缝，空调及其他体系连接处的密封，隔热双层玻璃、隔热窗框的密封等。聚氨酯密封胶一般分为单组分和双组分两种基本类型，其特点及适用范围见表6-1-2。

聚氨酯防水密封胶的主要类型 **表6-1-2**

名称	特点	适用范围
单组分聚氨酯防水密封胶	1. 湿气固化型，施工方便但固化较慢； 2. 性能可调节范围宽、适应性强； 3. 耐磨性能好，机械强度高； 4. 粘结性能好； 5. 弹性好，具有优良的复原性，可用于动态接缝； 6. 低温柔性好，耐候性好，耐油性好，耐生物老化； 7. 价格适中	混凝土预制板的连接及施工缝的填充密封，门窗的木框四周及墙的混凝土之间的密封嵌缝，建筑物上轻质结构的粘贴嵌缝，阳台、游泳池、浴室等设施的防水嵌缝，空调及其他体系连接处的嵌缝密封
双组分聚氨酯防水密封胶	1. 反应固化型，固化快、性能好，但使用时需配制，工艺较复杂； 2. 性能可调节范围较广； 3. 优良的耐磨性，机械强度高； 4. 粘结性能好； 5. 弹性好，具有优良的复原性，适合动态接缝和变形缝、伸缩缝； 6. 低温柔软好，耐候性好，耐油性好，耐生物老化； 7. 价格低廉	混凝土预制件等建材的连接及施工缝的填充密封

聚氨酯密封胶的相关产品及应用效果分别见图6-1-3和图6-1-4。

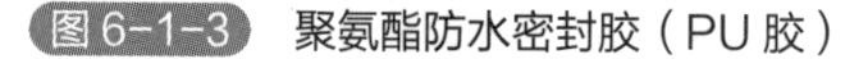
图6-1-3 聚氨酯防水密封胶（PU胶）

图6-1-4 聚氨酯防水密封胶（PU胶）效果图

3. 硅橡胶防水密封胶

装配式外墙防水密封胶常采用的硅橡胶防水密封胶有：硅酮建筑密封胶（SR胶）和改性硅酮建筑密封胶（MS胶）。

（1）硅酮建筑密封胶（SR胶）

硅酮建筑密封胶是以聚硅氧烷为主要成分、室温固化的单组分和多组分密封胶，按固化体系分为酸性和中性。

硅酮建筑密封胶按用途分为三类：

F类——建筑接缝用；

Gn类——普通装饰装修镶装玻璃用，不适用于中空玻璃；

Gw类——建筑幕墙非结构性装配用，不适用于中空玻璃。

（2）改性硅酮建筑密封胶（MS胶）

改性硅酮建筑密封胶是以端硅烷基聚醚为主要成分、室温固化的单组分和多组分密封胶，也称MS密封胶。开发、生产和应用改性硅酮密封是为了解决硅酮密封胶无法克服石材污染和涂饰性的问题。

改性硅酮建筑密封胶按用途分为两类：

F类——建筑接缝用；

R类——干缩位移接缝用，常见于装配式预制混凝土外挂墙板接缝。

MS聚合物的低黏度、低弹性模量，赋予MS胶良好的操作性、触变性、挤出性、低温柔性等优异性能，并具有优异的耐候性、耐老化性、易涂刷等优点。MS胶是所有密封胶里黏度最低、受温度影响最小、唯一可采用吸胶法施工的密封胶，也是模量最低的密封胶，双组分设计，配以专用双组分胶枪使得多余胶量可重复利用，施工损耗更低，更经济。除玻璃外的几乎所有材质，MS胶均能实现可靠粘接。位移变形能力优于单组分/双组分的聚氨酯密封胶和常见的单组分硅酮密封胶。不污染墙面，后期维修简易、可靠且综合成本低。具有完美的易涂装性，易满足外墙色彩设计要求。健康环保，综合性能优异，是最适合于装配式建筑的密封胶。

密封胶按位移能力分为四个主要级别（表6–1–3），按弹性模量可分为高模量（HM）和低模量（LM）两个次要级别。通常用于装配式混凝土建筑预制外墙板接缝的防水密封胶可选用位移能力不低于25%的低模量耐候性建筑密封胶。

密封胶级别　　表 6–1–3

级别	试验拉压幅度 /%	位移能力 /%
50	± 50	50.0
35	± 35	35.0
25	± 25	25.0
20	± 20	20.0

6.1.2　止水材料

防水密封材料中的定形密封材料是具有一定形状和尺寸的密封材料。随着高分子工业材料的发展，塑料和橡胶制品的柔性止水条的应用逐渐增多。止水条通常埋置在混凝土中，不受阳光和空气的影响，所以不易老化，可以认为它们具有和混凝土结构相同的使用寿命。

装配式建筑预制外墙板接缝处的密封止水条是一种条带状防水密封材料。一般采用三元乙丙橡胶、氯丁橡胶或硅橡胶等高分子材料制成，直径宜为20 ~ 30mm。

预制外墙板的接缝在用防水密封胶填缝之前，通常会设置连续的背衬材料。背衬材料一方面起到控制密封胶填缝的深度和饱满度的作用，另一方面也是防水的第二道屏障，增加防水的可靠性。背衬材料宜选用发泡闭孔聚乙烯塑料棒或发泡氯丁橡胶，直径应不小于缝宽的1.5倍，密度宜为24 ~ 48 kg/m^3。

6.1.3　堵漏材料

预制混凝土夹心保温墙体的外墙接缝，常采取结构防水、材料防水、构造防水相结合的处理方式，见图6–1–5。结构防水是对墙板四边与现浇梁、柱等用水泥基渗透结晶材料处理消除新旧混凝土施工缝的渗漏风险。

水泥基渗透结晶型防水材料应具有良好的渗透性、裂缝自愈性、抗渗性及与潮湿基面的粘结性。此类材料中的活性化学物质起着渗透结晶的作用，可使混凝土和砂浆表面或内部出现的微细裂纹自动愈合，从而赋予混凝土、砂浆持续的防水性。水泥基渗透结晶型防水材料按使用方法分为水泥基渗透结晶型防水涂料和水泥基渗透结晶型防水剂。

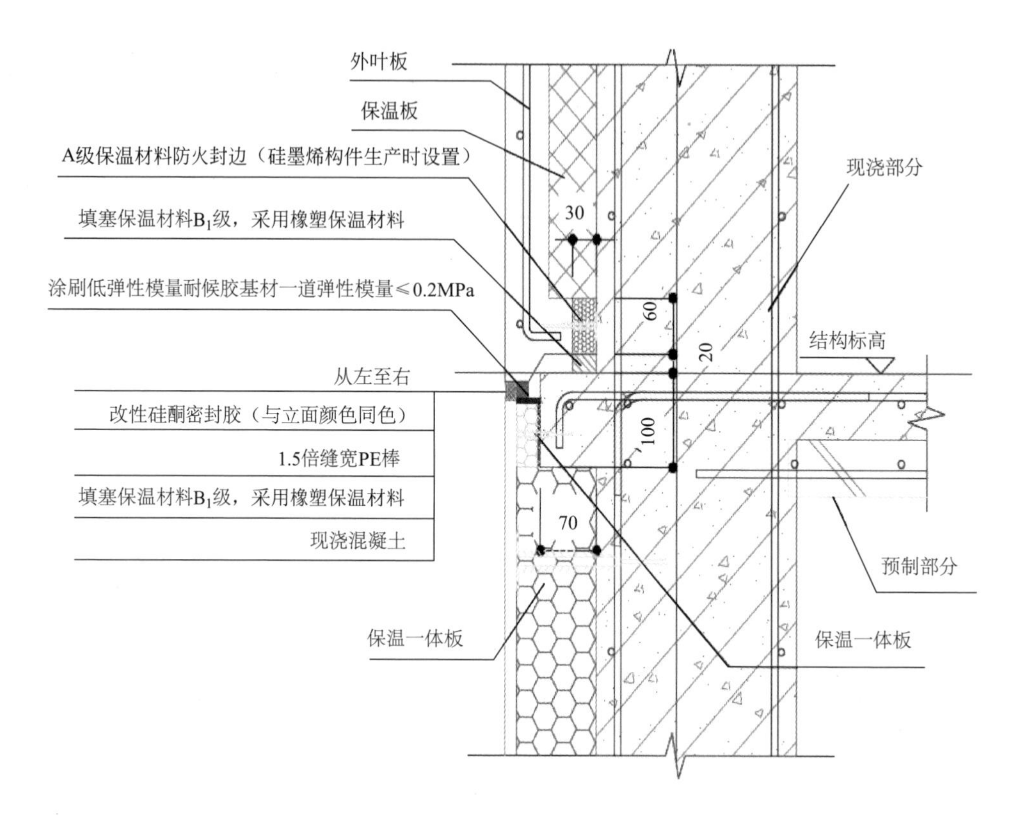

图6-1-5 材料防水、构造防水结合节点

6.2 保温材料

6.2.1 夹心保温

预制夹心保温外墙板也称三明治外墙板，由内叶板、保温材料和外叶板通过可靠连接组成的外围护构件，其构造见图6-2-1。

产品特点：

集承重、围护、保温、防水、防火、装饰等多功能为一体；

内叶墙、保温层及外叶墙一次成型，通过可靠连接件形成整体，整体性好；减少抹面和湿作业、预留各种水电预埋，大大缩短施工周期。

优点：

（1）对内侧墙片和保温材料形成有效的保护，对保温材料的选材要求不高，聚苯乙烯、玻璃棉以及脲醛现场浇筑材料等均可使用；

（2）对施工季节和施工条件的要求相对不高，不影响冬期施工。在黑龙江、内蒙古、甘肃北部等冬季严寒地区曾经得到一定的应用。

缺点：

（1）在非严寒地区，此类墙体与传统墙体相比尚偏厚；

（2）内、外侧墙片之间需有连接件连接，构造较传统墙体复杂；

（3）外围护结构的"热桥"较多。在地震区，建筑中圈梁和构造柱的设置，"热桥"更多，保温材料的效率仍然得不到充分的发挥；

（4）外侧墙片受室外气候影响大，昼夜温差和冬夏温差大，容易造成墙体开裂和雨水渗漏。

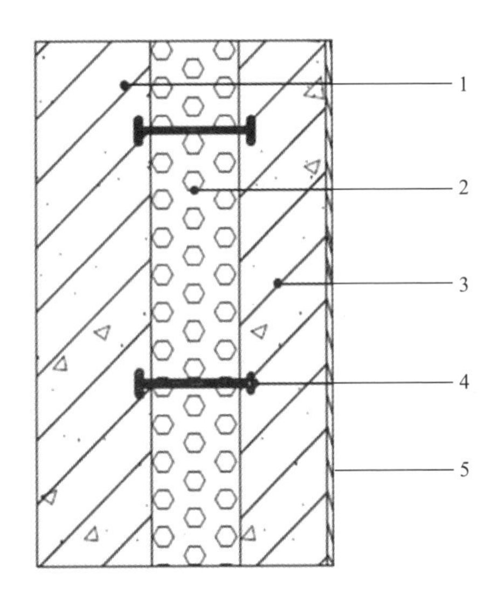

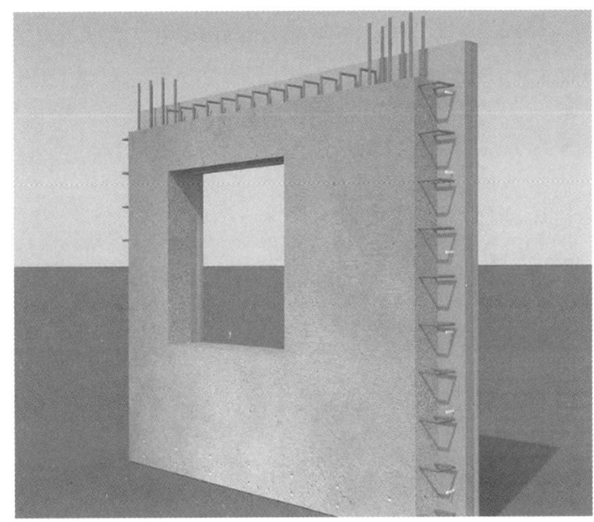

图6-2-1 夹心保温墙板

1—内叶板；2—保温材料；3—外叶板；4—连接板；5—饰面层

6.2.2 自保温

采用普通混凝土预制的外墙板自重大，对吊装要求较高，因此，采用集保温、防水、隔声等功能于一体的新型轻质材料预制自保温外墙板是将来发展趋势。

我国目前用于墙体的轻质板有加气混凝土板、轻骨料混凝土板、纤维水泥板（GRC板、FC板、3E板等）、钢丝网保温材料夹心板（GY板、泰柏板等）、金属面夹心板（金属面聚苯乙烯夹心板、金属面硬质聚氨酯夹心板、金属面岩棉、矿渣棉夹心板）及其他类型轻质板等。由于保温、隔声等方面的需要，采用单一材料能制作自保温外墙板的只有加气混凝土板，其他板材均需与保温材料复合为复合墙板。

蒸压加气混凝土板是以水泥、石灰、石英砂等为主要原料，再根据结构要求配置添加不同数量经防腐处理的钢筋网片，经高温高压、蒸汽养护，反应生产的多气孔混凝土板材。根据国家标准《蒸压加气混凝土砌块》GB/T 11968—2020有关规定，干密度B05级加气混凝土其干密度小于等于525kg/m^3，出厂后密度也仅为700kg/m^3，仅为普通混凝土的1/3；导热系数0.067 ~ 0.074W/（m·K），具有良好的耐火、防火、隔声、隔热、保温等性能。

加气混凝土主要用作填充砌块，也用于屋面板、内墙板、楼板和过梁，其产品见图6-2-2。加气混凝土板用作外墙使用不广泛，主要原因有：

（1）由于受高温高压蒸养釜的尺寸限制，只能加工成条形板，不能做成整间板。

（2）强度较低，安装及运输过程中易破损。

（3）吸水率大、因为温度变化容易造成干缩变形导致墙体裂缝。

（4）在墙体安装完成后需在内外表面抹专用砂浆，现场施工工序较多。

（5）材料稳定性及耐久性不如混凝土构件。

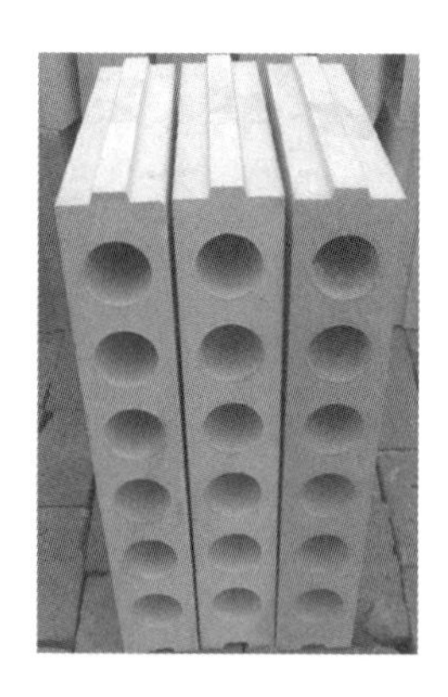

图6-2-2 蒸压加气混凝土板

6.3 超低能耗材料

6.3.1 预制混凝土外墙板集成SW硅墨烯保温与结构一体化系统

预制混凝土外墙板集成SW硅墨烯保温与结构一体化系统，是以工厂生产的SW硅墨烯保温板作为建筑外墙保温板，在预制混凝土构件厂将其置于预制构件生产的模台底部，于其上制作混凝土外墙板的内置钢筋、连接件安装后，按反打工序一次浇筑，形成外表面由抹面层、饰面层构成的保温与预制混凝土外墙板一体化构造的外墙外保温系统的总称，见图6-3-1。

图 6-3-1　SW 硅墨烯保温板及产品示意图

优点：

（1）新型集成保温外围护体系采用A级硅墨烯保温板系统和不锈钢专用连接件，有效杜绝保温板脱落和失火风险，有效减少了现场作业量。

（2）新型集成保温外围护体系采用保温反打和免拆保温模板工艺一体成型，整体建造效率显著提高。

（3）加工、施工精度需要逐步提高，采用全程信息化措施提升保温板排板和裁板效率，减少人工操作。

缺点：

（1）拼缝过大，拼缝漏浆问题较多。

（2）连接件布置不合理。

（3）保温板裁切效率低，且浪费多。

（4）构件安装后，平整度不易控制。

6.3.2　预制混凝土聚氨酯夹心保温外墙

预制混凝土聚氨酯夹心保温外墙是一种由混凝土内外叶板和聚氨酯保温板组成的外墙保温板，浇筑混凝土外叶板后，铺设聚氨酯保温板，再浇筑内叶板而成的保温与预制混凝土外墙板一体化构造的外墙外保温系统的总称。其相关产品及安装示意图见图6–3–2。

优点：

（1）高效保温：预制混凝土聚氨酯夹心保温外墙采用夹心保温技术，使得保温材料能够更好地发挥其保温效果。

（2）节能环保：预制混凝土聚氨酯夹心保温外墙的原材料为混凝土和聚氨酯，

图 6-3-2　聚氨酯保温板及产品示意图

均为可再生资源，对环境影响小。

（3）隔声降噪：预制混凝土聚氨酯夹心保温外墙内部设置有保温材料，能够有效地隔绝噪声，提高建筑物的隔声效果。

（4）施工方便：预制混凝土聚氨酯夹心保温外墙采用干挂施工，安装简便，施工效率高。

（5）耐久性好：预制混凝土聚氨酯夹心保温外墙的原材料具有较好的耐久性，能够满足建筑物的长期使用需求。

缺点：

（1）价格较高：与其他保温材料相比，聚氨酯保温板的价格较高，增加了建筑物的施工成本。

（2）对环境的影响：聚氨酯保温板的生产过程中会产生一定的污染物，对环境造成一定的影响。

（3）对湿度的敏感性：聚氨酯保温板对湿度较为敏感，如果在施工过程中没有进行合理的防潮处理，可能会影响保温效果。

（4）生产工艺繁琐：聚氨酯保温板铺设过程中难免因排板、裁切、埋件避让等原因造成拼缝过大，遇此类现象均需使用聚氨酯发泡胶将拼缝全部填满后方可进行下一道工序。

第7章　产品创新

7.1　外墙保温装饰一体化墙板

外墙保温装饰一体化墙板是集合了装饰、节能、保温、防火、防水、环保等功能为一体的外墙新型建材。它种类繁多，主要由饰面层、承载金属框和保温材料复合组成。外墙保温装饰一体化墙板产品见图7-1-1。

图7-1-1　外墙保温装饰一体化墙板产品

复合而成的一体化墙板通过H型金属结构与墙体锚固安装，施工步骤简单，避免了传统二次胶粘工艺造成的板面不平、空鼓、脱落等隐患。墙板饰面层可以选择氟碳涂料、真石漆、铝板、陶瓷薄板、石材薄板等材料，面层适用范围广，可满足不同建筑的多种风格需求。

7.1.1　产品功能

外墙保温装饰一体化墙板主要的产品功能就是集保温和装饰于一体。传统的外墙保温系统，外墙保温和外墙装饰在现场分别施工，而外墙保温装饰一体板是在工厂预制完成保温层和装饰层，施工现场只需完成挂接工序。

相较于传统的外墙保温系统和其他外墙保温一体化墙板，此类装饰一体化墙板具有以下特点：

（1）板块周边镀锌钢骨架为辊压成型，四角为特制标准转角，既可有效控制板块标准厚度，又可保证保温隔热层不受挤压变形影响效果。

（2）装饰性好。该墙板背部骨架可与多种饰面材料有机结合，可达到整体美观、经久耐用的装饰设计效果。

（3）防火性强。该墙板以硅酸钙、石材、金属等A级板作为饰面层，且背部轻钢框架及保温棉均为不燃材料，整体复合为保温一体板不燃性能更佳。

（4）防潮防水。该墙板具有很好的防潮和防水能力，并且能很好地隔绝空气和水汽，避免墙体潮湿引起裂缝或渗漏现象。

（5）隔声降噪。保温结构与饰面板结合，使其具有更好的隔声效果。

（6）安装便捷。该墙板质量轻，模块化安装，施工简单，不但可缩短施工时间，还能节约施工作业成本。

7.1.2 应用效果

图7-1-2 外墙保温装饰一体化墙板应用效果

外墙保温装饰一体化墙板适用于各类公共、住宅新建或旧改建筑的外墙保温与装饰（图7-1-2），有效解决冷热桥问题，且装饰性强、环保性能好、自重轻、施工便捷，有优良的隔热、隔声、防火等性能且节能保温效果好。

7.2 内装饰成品隔墙

内装饰成品隔墙是一种可拆装式办公隔断产品，用于分隔不同场景与使用功能的室内空间的立面分隔，通常仅适用于非承重分隔。其主要材料和附件是在工厂预加工，现场可以便捷组装、即装即用。隔墙的材料多种多样，主要采用玻璃、铝合金、钢材、木饰面、布艺等材料。根据使用需求不同，成品隔墙大致可分为墙板隔墙和玻璃隔墙，相关产品见图7-2-1。

墙板隔墙主要由钢龙骨、矿棉填充物、墙板构成，具有较好的防火、隔声、装饰性能。根据场景使用的不同，墙板可使用木饰面板、皮革布艺硬包、金属饰

(a)　　(b)

图7-2-1　内装饰成品隔墙

（a）墙板隔墙；（b）玻璃隔墙

面板等材料。

玻璃隔墙主要由铝型材、玻璃构成，具有较好的透光性，根据玻璃在结构中的断面层数，可分为单玻隔墙系统和双玻隔墙系统（图7-2-2）。单玻隔墙做办公隔断使用，常采用10mm或12mm厚的钢化玻璃或6mm+6mm厚的夹胶玻璃。双玻隔墙是将两片玻璃通过有效的密封材料密封和间隔材料分隔开，具有良好的隔热、隔声性能，常用于一些对私密性要求高的小型会议室或展示空间。

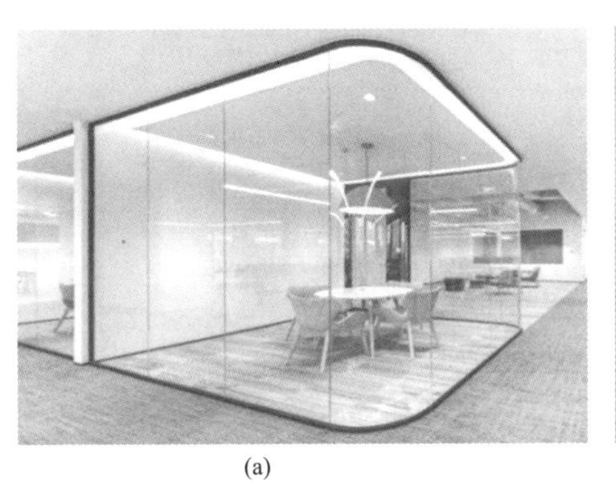

(a)

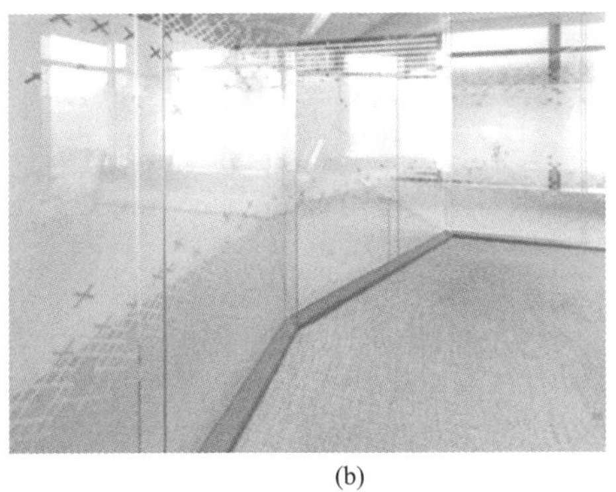

(b)

图7-2-2　玻璃隔墙

（a）单玻隔墙；（b）双玻隔墙

7.2.1　产品功能

成品隔墙通常应用于室内空间分隔，主框架一般需要和吊顶、地面，以及固有墙体做牢固连接，以达到抗侧撞击、抗震、长期使用等要求，具有防火防潮、坚固抗震、美观耐用等特点。相比较于传统隔墙，成品隔墙有以下功能特点。

（1）性能稳定。成品隔墙铝型材、钢骨架工厂标准化加工，采用铝合金和不锈钢连接件保证整体的稳定性。

（2）装饰性强。成品隔墙面板材料可根据客户需求进行表面处理、定制成特殊颜色。

（3）隔声效果好。墙板隔墙内部填充隔音棉，玻璃隔墙采用全封闭式胶条密封，具有良好的隔声效果。

（4）采光控制效果优。玻璃隔墙以配置手动百叶或电动百叶，采光效果可根据使用需求随意控制，同时也可以跟一些板材组合使用，更具美化空间的作用。

（5）精密性高。成品隔墙系统设计的精密性高，用手指敲击隔断墙墙体或用门大力撞击门框，发出的声音应该非常干净，极少有杂音。

（6）拆装便捷。成品隔墙工厂标准化生产、现场装配式安装，施工效率高，拆装便捷。

7.2.2 应用效果

内装饰成品隔墙广泛应用于高档写字楼、商务办公室及各种商场。以立体线条和通透块状视觉分割，创造出一种简洁高雅、灵动美观、智慧现代、人性和谐的办公环境。

7.3 装饰一体化板组装式卫生间

装饰一体化板组装式卫生间是以铝蜂窝复合瓷砖体系为核心技术的整体卫浴产品，主要由防水底盘、墙体板（图 7-3-1）、顶板构成整体框架，配置各种功能洁具，形成独立卫浴单元。该组装式卫生间是独立结构，不与建筑的墙、地、顶面固定连接。

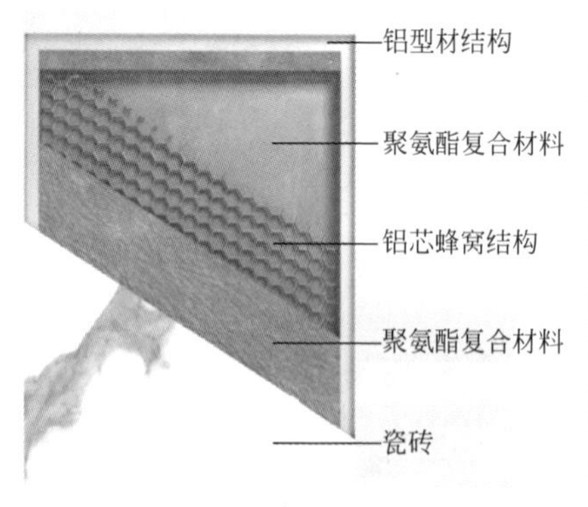

图 7-3-1　墙板结构及连接构造

7.3.1　产品功能

（1）材料表面质感良好。蜂窝复合材料表面可与瓷砖、天然石、人造石等主要材料复合使用，更能使整体的外观和敲击感与普通实心墙体无异，能极大限度提升卫生间的使用感受。

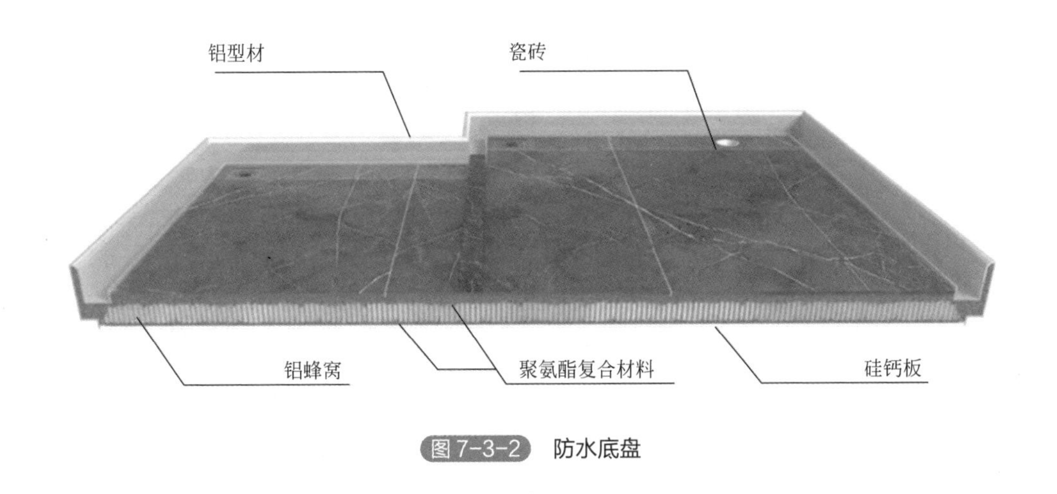

图7-3-2　防水底盘

（2）底板防渗且承载力强。防水底盘（图7-3-2）一体化模压框架，铝蜂窝+瓷砖材料复合型材，吸水率低，杜绝渗漏。底部采用蜂窝结构设计，保证防水盘的承载能力，试验证实，每平方米静载承重能力超过20吨。

（3）结构稳定。墙板基材由厚铝蜂窝+聚氨酯复合材料组成，面材可选各个品牌瓷砖/大理石等多种面材采用反打工艺高温高压一次成型复合，高效牢固，结构稳定。

（4）集成天花（图7-3-3）。复合材料一体吊顶，风格款式可选，安全牢固，采用科学照明系统构建温馨环境，设有“检修口”设计便于电器、管道安装和日常维护。此外集成吊顶结合空间瓷砖同款设计，空间整体设计感更强，经久耐用，不变色。

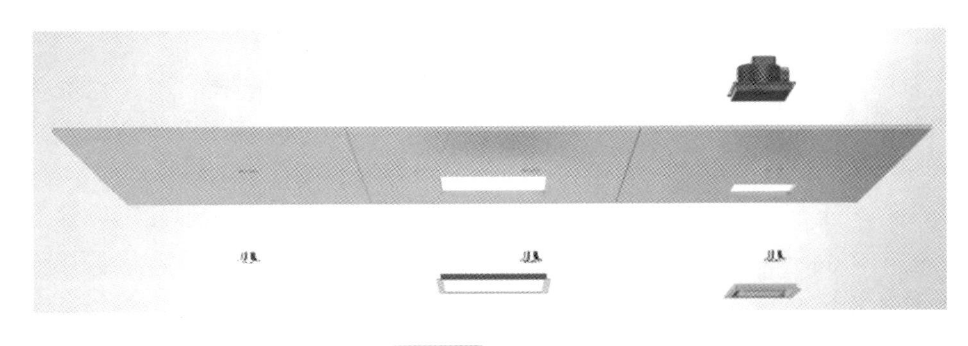

图7-3-3　集成天花

（5）安装快捷。墙板安装采用错位快装技术，严丝合缝，牢固耐用。转角由航空铝材连接墙板，有防水胶条，实现无缝衔接。

7.3.2 应用效果

图7-3-4 装饰一体化板组装式卫生间应用效果

装饰一体化板组装式卫生间适合医疗康养、快捷酒店、住宅和公寓等不同市场（图7-3-4），具有零渗漏、更环保、快交付、全定制、省空间等特点。

7.4 水平轻钢骨架系统

水平轻钢骨架系统（图7-4-1）是采用抱箍快速装配原理设计的一套吊顶转换层快装系统，主要由主材（角钢）、主材连接件、主材挂接件、主材对接件、吊杆、各类型号的螺栓组成。

该系统通过吊杆和主材连接件将主材吊挂于空中形成一个稳定的结构，主材连接件反向安装后与装饰面层骨架连接，连接点可根据装饰面层的排板，灵活调整。

挂接件：主材通过挂接件悬挂于空中，挂接件以两种形式悬挂：一是螺纹吊杆与结构主体固定，主要起承重的作用。一段固定于结构，一段连接挂接件同时可实现调节作用，当吊杆超过1.5m时，可通过搭配套管来加强其稳定性；二是螺纹吊杆与吊顶装饰层或其他装置相连，起到吊顶和转换作用，该吊件反向安装，可根据装饰面材的排板灵活调整。

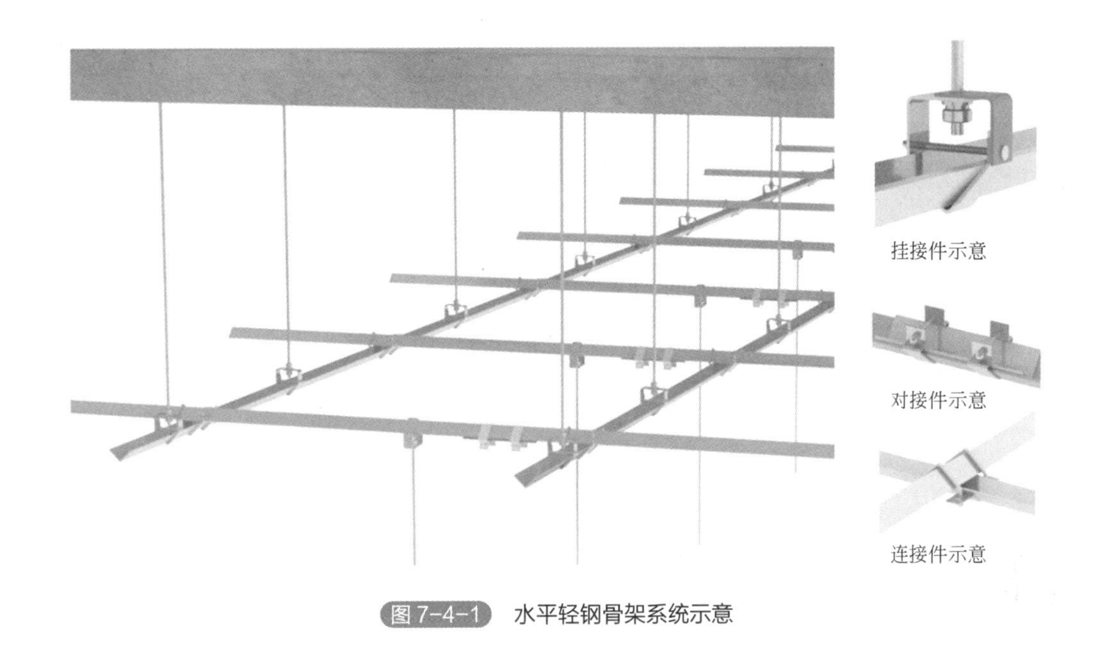

图 7-4-1　水平轻钢骨架系统示意

连接件：主要用于主材十字交叉处，为保证交叉处的稳定，通过“W”型连接件，将两个主材固定，其作用是为了稳固十字交叉处上下两根角钢的稳定性，确保角钢十字相交处的垂直和水平。

对接件：两个放置方向相同的主材之间通过对接件紧密相接，在两个角钢之间放置一段15 ~ 20cm的主材，使得主材之间紧密连接。

7.4.1　产品功能

水平轻钢骨架系统各构件以标准件的形式生产，到场无需对角钢做二次加工，构件之间均通过螺栓紧固，快速安装，相较传统转换层骨架有以下功能特点。

（1）结构简单，安全稳定。该系统构件工厂标准化生产，质量稳定。系统构件通过结构计算，能承受1kN反向受力，结构安全性高。

（2）装配式安装，方便快捷。该系统构件与角钢抱箍安装，并通过螺栓进行紧固，安装快捷。

该系统能解决传统转换层做法中存在的多个问题：一是存在大量的切割作业；二是空间定位灵活性较差；三是变更和拆除破坏大；四是存在流动动火作业；五是传统栓接现场加工较为复杂，安装时工效较低；六是耗费劳动力多。

水平轻钢骨架系统减轻了项目人员组织和现场管理的压力，保证了项目的顺利履约，同时提高了现场的安装效率，保证了现场的施工质量。

7.4.2 应用效果

该系统主要用于室内4m以内的吊顶转换层骨架的安装，可适用于不同类型面板吊顶（图7-4-2），例如：铝单板类吊顶、集成式吊顶、格栅类、挂板类、GRC/GRG类造型吊顶。

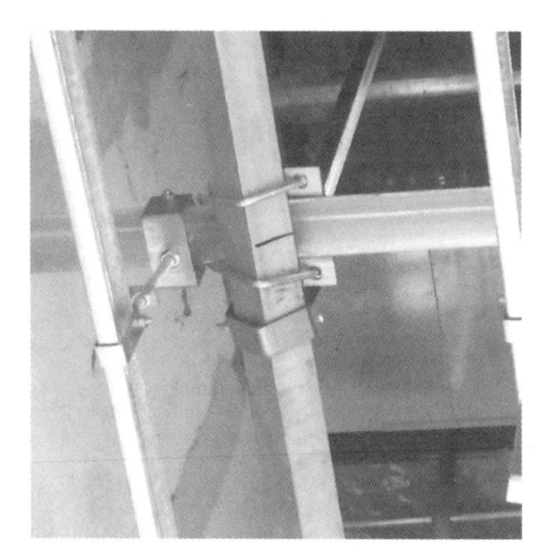

图7-4-2 水平轻钢结构快速连接系统应用效果

第8章　工艺创新

8.1　非承重墙生产、安装工艺

8.1.1　蒸压轻质加气混凝土墙板简介

随着我国新型墙体材料的快速发展，其中应用于建筑隔墙的轻质条板的生产与应用规模逐年扩大。轻质条板隔墙主要用于民用建筑和一般工业建筑工程中的非承重隔墙，例如分室隔墙和分户隔墙、走廊隔墙、楼梯间隔墙等。

以混凝土轻质条板中市场使用量较大的ALC墙板为例。

蒸压轻质加气混凝土墙板（简称ALC墙板），具有重量轻，隔声、隔热效果好，耐火和环保性好等优点。

ALC墙板的生产采用全自动生产线进行生产，效率高，使墙板生产实现工业化、智能化生产。ALC墙板采用现场装配式施工方法，结合墙板智能安装机器人进行安装，改变了传统的现场砌筑作业方式，安装速度比传统砌体砌筑工时缩短1/3，现场施工人员大大减少，实现施工现场施工的智能化。

8.1.2　蒸压轻质加气混凝土墙板的生产工艺

1. **ALC墙板自动化生产线设备（图8-1-1）**

图8-1-1　ALC墙板自动化生产线

ALC墙板自动化生产线所用设备主要包括：中控系统、计量设备、储存设备、搅拌设备、模具系列、吊具系列、去底设备、运载设备、切割设备、蒸压养护设备、成品设备、板材设备等12大类。

2. **ALC墙板生产工艺流程**

ALC墙板生产工艺流程图见图8-1-2。

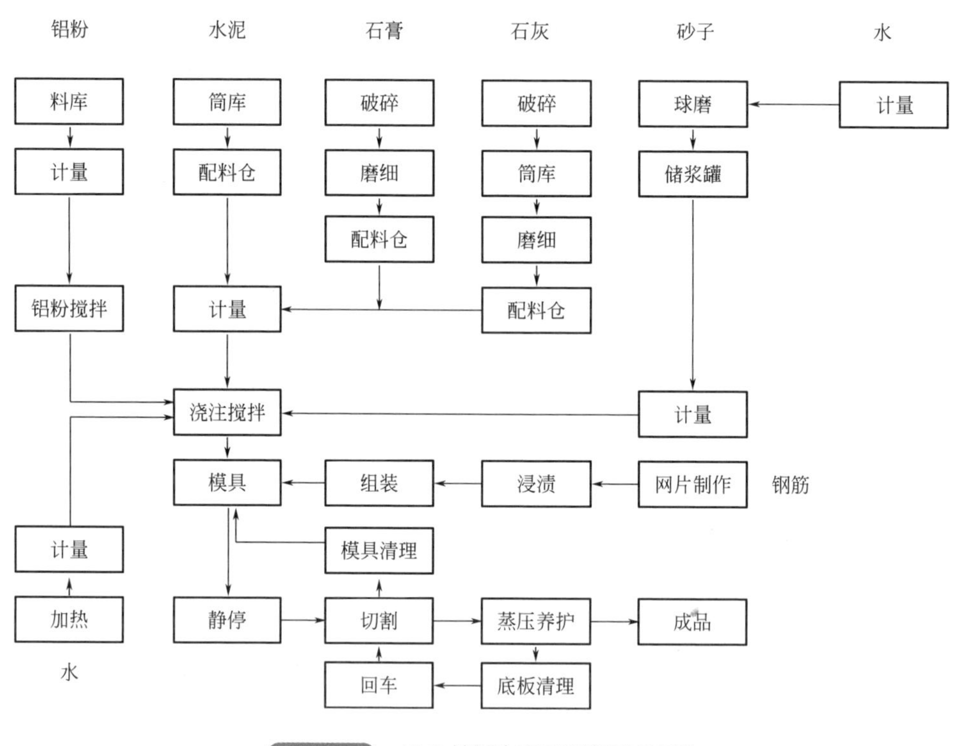

图8-1-2 ALC墙板生产工艺流程示意图

3. **生产工艺**

（1）原材料的加工处理

ALC墙板主要原料是砂子、水泥、石灰、石膏、铝粉及钢筋，在确定好生产之前，应将这些原料由汽车运输入厂，将进厂的块状生石灰破碎、粉磨后进行存储，存储过程中注意确保原料的干燥。

（2）钢筋加工及网笼组装

钢筋加工是生产ALC墙板的特有工序，包括钢筋的除锈、调直、切断、焊接、涂料制备、涂料浸渍和烘干。网笼组装是把经过防腐处理的钢筋网，按照工艺要求的尺寸和相对位置组合后装入模具，使其固定后进行浇筑（图8-1-3）。

（3）原料配合

在生产过程中，配料是一个关键环节，直接关系到原料之间各有效成分的比

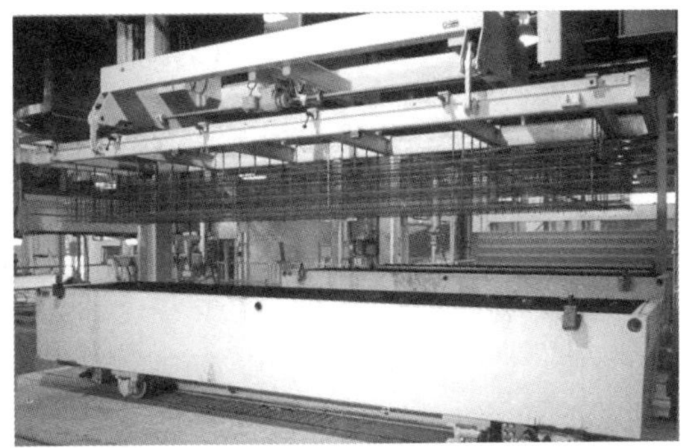

图8-1-3 钢筋网片加工和涂料浸渍烘干

例，关系到料浆的粘度和流动性是否适合铝粉发气以及坯体的正常硬化，因此应引起足够的重视。配料是把制备好并储存待用的各种原料进行计量，以及温度和浓度的调节。按照工艺要求，依次向搅拌设备投料，将上述原料按照一定的配合比先用电子秤进行计量，确保计量的准确性，然后加水进行混合搅拌，原料的配量及搅拌采用PLC控制系统，确保配合比的精确性，从而提高制品的性能稳定。自动配料搅拌控制系统见图8-1-4。

（4）浇筑搅拌

浇筑工序是把前道配料工序经计量及必要的调节后投入搅拌机的物料进行搅拌，制成达到工艺规定的时间、温度、稠度要求的料浆，然后通过浇筑搅拌机浇筑入模，浇筑完成后，将钢筋网笼放进模具车中，然后模车进入55℃左右的静停室进行预养，经过3个小时左右的预养，料浆在模具中进行一系列物理化学反应，产生气泡，使料浆膨胀、稠化、硬化，这道工序是能否形成良好气孔结构的重要工序。模具车见图8-1-5。

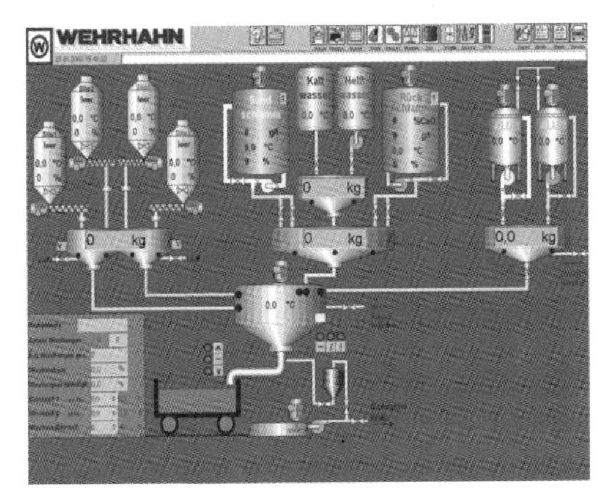

图8-1-4 自动配料搅拌控制系统

图8-1-5 模具车

（5）静停切割

坯体经过发泡静停达到切割要求后模具转移至切割区，由翻转机分离模具并将坯体翻转90°放到蒸养小车上，然后经过切割工序对坯体进行侧面切割刨槽及水平和垂直分割，使之达到外观尺寸要求，切割工作可以机械化进行也可人工操作，这道工序直接决定ALC板材的制品外观质量以及某些内在质量。切割机见图8-1-6。

图8-1-6　水平切割机和垂直切割机

图8-1-7　蒸压釜设备

（6）蒸压养护

将切割好的坯体经摆渡车送入蒸压釜进行蒸压养护，这个过程需要在200℃以上条件进行，因此，使用密闭性能良好的蒸压釜，通入具有一定压力的饱和蒸汽进行加热，使坯体在高温高压条件下进行12h左右的水热反应，使ALC板材具备一定的强度以及物理化学性能。用蒸压釜进行蒸压养护见图8-1-7。

（7）出釜包装和储存

板材出釜后应进行检查分拣，分等级进行包装、运输和储存。出釜包装系统包括专用的分掰、分拣、包装设备。包装时采用托板并配以适当的固定方式，避免产品在运输过程中破损；成品储存配备防雨措施。成品输送和堆放避免多次倒运，成品堆放高度应满足相关标准的要求。板材分拣见图8-1-8。

图 8-1-8 板材分拣

（8）板材后期处理

板材后期处理包括切割、铣削、镂刻花纹及其他表面饰面加工等。板材后期处理的工艺和要求需根据产品要求确定。板材后加工见图8-1-9。

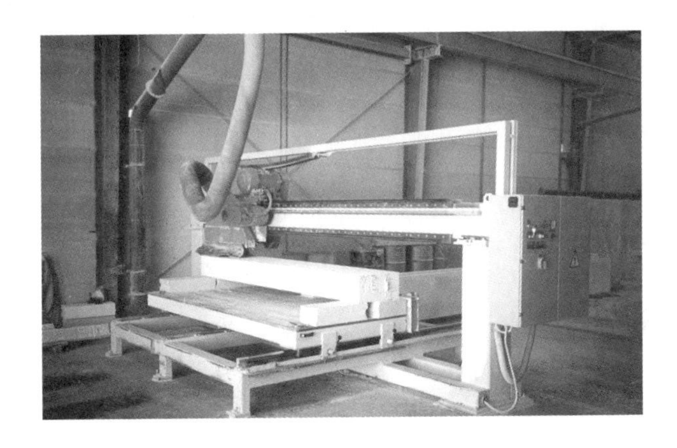

图 8-1-9 板材后加工

8.1.3 蒸压轻质加气混凝土墙板的安装工艺

1. ALC墙板安装工艺流程

ALC墙板安装工艺流程图见图8-1-10。

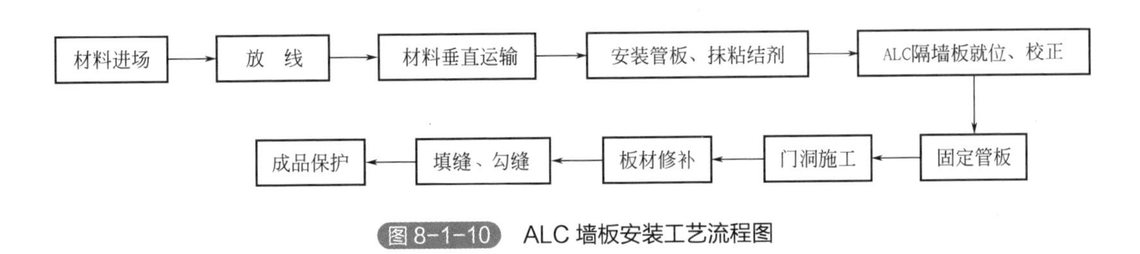

图 8-1-10 ALC 墙板安装工艺流程图

图8-1-11 材料进场放置

图8-1-12 现场放线机器人

2. **安装工艺**

（1）材料进场

ALC墙板进场后利用叉车或塔式起重机卸货，堆放时两端距板端1/5L处用垫木或加气混凝土块垫平（图8-1-11）。

（2）放线

根据建筑平面图和施工单位提供的轴线（控制线），画出墙体定位线。为提高现场智能化水平，现场可借助BIM技术，配合放线机器人完成相应放线标识工作（图8-1-12）。

（3）材料垂直运输

ALC墙板运至现场后，叉车卸至临时堆场，使用U形台车通过施工电梯将板材运至楼层内，且均匀分布，并注意支点位置，防止板材变形。材料垂直运输见图8-1-13。

图8-1-13 材料垂直运输

（4）安装连接件、抹粘结剂

用U形台车拉运ALC墙板至安装位置，将连接件的杆件从板的两端打入，距板侧边约100mm（安装连接件包括管板、接缝钢筋、U形钢卡等）；在板材上中下3处槽内各抹一些粘结剂，涂抹量以板缝挤出粘结剂为宜（图8-1-14）。

（5）ALC墙板就位

将板抬运就位，合拢板缝，用木楔在板材上下端做临时固定，用吊线和靠尺检查板的垂直度和平整度，超过误差时用橡皮锤轻轻敲击调整至符合要求。此工序可采用墙板安装机器人进行操作，墙板安装机器人见图8-1-15。

图8-1-14　安装连接件、抹粘结剂

图8-1-15　墙板安装机器人

（6）连接件固定

用射钉将连接件固定在混凝土梁或板上，每个连接件需1 ~ 2个射钉固定。连接件固定见图8-1-16。

图8-1-16　连接件固定

（7）板缝处理

板顶、板底缝用较稠的1 ∶ 3水泥砂浆填实、抹平。ALC墙板板缝修补整齐，清理干净，按使用要求配制好ALC板专用勾缝剂，用专门的窄幅铁抹子将勾缝剂填入板缝抹平。

（8）成品保护

在ALC板勾缝完成前，不得使ALC板墙体受到振动和冲击。

8.2 设备与管线装配一体化

8.2.1 装配模块划分原则

【技术特点与难点】不同实施项目的实施区域不一致、系统设计形式相差大、设备选型不尽相同、设备及管线布置各异，装配模块的设计划分难度大。因此机电设备及管线装配模块的设计形式、组对方式、划分原则、装配方法等有所区别。

【技术方案】

（1）循环泵组模块：根据循环水泵的选型、数量、系统分类和管线的综合布置情况，综合考虑预制加工、吊装运输等各环节限制条件，将2 ~ 3台循环水泵及管路、配件、阀部件、减震块等“化零为整”组合形成整体装配模块，循环泵组装配模块见图8-2-1。

图 8-2-1 循环泵组装配模块

一般情况下，循环泵组装配模块的设计、划分原则可参照表8-2-1的原则考虑。

循环泵组装配模块设计、划分原则 表 8-2-1

序号	循环泵组装配模块设计、划分原则
1	循环泵组装配模块主要包含循环水泵、循环水泵减震基座、限位器、管道、管路阀部件、模块框架、排水管、对接接口等
2	单个循环泵组装配模块不超过3台循环水泵，且各循环水泵应属同一机电系统；当3台循环水泵设计为2用1备时，备用水泵应中间布置
3	循环泵组装配模块中管道及其阀部件设置应与设计图保持一致

续表

序号	循环泵组装配模块设计、划分原则
4	循环泵组装配模块设计应考虑实际运输吊装条件，如运输限高限宽、设备机房吊装孔尺寸、进场吊车型号等。装配模块外形尺寸不宜大于4000mm×3000mm×3200mm，装配模块重量不宜大于10t
5	当单个循环泵组装配模块体积过大或重量过重时，应进行合理的装配模块拆分，进场后再进行整体拼装；各拆分部件连接宜采用螺栓栓接工艺，螺栓型号应不小于M16
6	循环泵组装配模块型钢框架的样式和材料选型应按照国家现行相关规范、标准、图集进行受力计算，并出具计算书。根据具体情况，型钢框架宜选用不低于16a的槽钢、工字钢或H型钢
7	循环泵组装配模块的对接接口应与其对接模块的接口的连接形式、管道管径保持一致；如采用法兰连接时，法兰螺栓孔位置应对应

（2）机电管线模块：机电管线、管件、阀部件、管路附件等进行整合，形成整体的机电管线装配模块。采用场外工厂预制的方式进行批量生产，施工现场进行其他工作内容的施工。机电管线装配模块运输至现场后，只需通过螺栓将不同机电管线装配模块在地面上相互连接，采用整体提升的方式一次就位安装，机电管线装配模块见图8-2-2。

图8-2-2　机电管线装配模块

机电管线装配模块的设计、划分原则，见表8-2-2。

机电管线装配模块设计、划分原则　　表8-2-2

序号	机电管线装配模块设计、划分原则
1	在条件允许的情况下，应尽量减少分段划分，避免由于分段划分过多造成连接处漏水隐患点的增加
2	在确定模块划分方案前，应充分考虑预制成品运输条件、安装空间条件等，进行合理分段，避免由于分段不合理造成运输及现场装配困难，降低机房装配效率
3	在模块划分时，应提前考虑管道支、吊架布置方案，每个分段点前后1m内应加设支、吊架进行固定

续表

序号	机电管线装配模块设计、划分原则
4	机电管线装配模块划分后，应按照划分情况，对每个装配模块进行标示（宜使用二维码）
5	机电管线装配模块主要包含管道、阀部件、管路配件、对接接头等
6	机电管线装配模块中管道及其阀部件设置应与设计图保持一致
7	机电管线装配模块设计应考虑实际运输吊装条件，如运输限高限宽、设备机房吊装孔尺寸、进场吊车型号等。机电管线装配模块长边不宜超过 6m，宽边不宜超过 2m；当机电管线装配模块有 3 个布置平面时，最短边不宜超过 0.5m
8	机电管线装配模块的对接接口应与其对接模块的接口的连接形式、管道管径保持一致；如采用法兰连接时，法兰螺栓孔位置应对应

【技术创新】形成机电设备及管线模块化装配式施工技术标准，解决不同类型、不同区域装配模块设计拆分的难题。采用循环泵组装配模块整体场外预制、场内装配的方式，实现了场外预制与场内土建施工的并行施工，缩短了整体施工周期，提高了施工效率。

【应用效果】与现有的施工技术相比，本技术实现施工现场“零动火”“零动电”“零焊接”，约减少管道安装的高空焊接作业95%，劳动力投入减少70%，缩短整体工期90%。

8.2.2 装配误差消除

【技术特点与难点】机电设备及管线预制装配过程中，存在土建施工误差、预制加工误差、装配施工误差等，误差一旦形成，很难消除。

【技术方案】

预制装配精度控制技术：通过对设备及管线模块化装配式施工过程中“四种误差”（结构施工误差、图纸出图误差、预制加工误差、装配施工误差）的分析，重点控制“三种精度（设计精度、加工精度、装配精度）”。采用精细化建模、模型直接生成图纸、工厂自动化数控加工设备、360° 放样机器人、3D激光扫描等手段实现装配误差综合消除。

土建施工精度主要包含建筑及结构施工精度和设备基础施工精度。具体为墙、柱、板、梁、集水坑、排水沟、门及设备基础的施工精度，见表8-2-3。

土建施工精度控制要点　　**表 8-2-3**

序号	土建施工精度控制要点
1	在深化设计前，应对机房区域已经施工完毕的土建、结构进行尺寸复核，主要对已施工完成的墙、柱、板、梁、集水坑、排水沟、门的位置及外形尺寸进行复核

续表

序号	土建施工精度控制要点
2	采用3D扫描技术对已施工完毕的建筑结构进行激光扫描，并形成点云模型。利用BIM软件将点云模型直接生成BIM模型用于深化设计
3	如土建与结构的现场施工与原设计图纸有较大偏差时，应以现场实际尺寸为准
4	设备基础尺寸应按照设备生产厂家提供的实际产品外形尺寸确定，并应经过设计、监理、施工等相关单位的签字确认
5	设备基础施工时，应严格按照设备基础布置图进行施工。在设备基础支模完成后，专业工程师应进行现场尺寸复核；设备基础浇筑完成后，再次进行尺寸复核
6	如尺寸复核出现尺寸误差，应及时进行整改，确保限产设备基础尺寸与设备基础布置图保持完全一致，误差应控制在 ±1mm 内
7	设备基础复核可采用3D扫描技术和尺量等方式

设计精度主要包含BIM模型精度、设计出图精度。在深化设计时，BIM模型中的元素应与其实物生产厂家提供的样本关键尺寸保持一致，见表8-2-4所示。深化设计出图应采用BIM软件直接由模型生成，图纸尺寸标注应精确至毫米，且标注应采用软件自动标注功能，避免人为调整标注数据，模型直接生成图纸见图8-2-3。

土建施工精度控制要点　　**表8-2-4**

序号	元素	主要组成	精度控制点	精度要求
1	机电设备	水泵、制冷机组、除污器、补水定压装置、水箱等	接口型号尺寸、相对于设备支撑底座位置	≤ 1mm
2			外形尺寸，长、宽、高	≤ 10mm
3			设备支撑底座尺寸、相对于管道接口位置	≤ 1mm
4	阀部件	阀门、过滤器、软接、变径接头等	阀部件长度尺寸	≤ 1mm
6			阀部件其他外形尺寸	≤ 10mm
7	管件	弯头、三通、法兰等	外形尺寸、弯曲半径、外径	≤ 1mm
8	型钢	槽钢、工字钢、钢板等	外形尺寸、厚度	≤ 1mm
9	管道	无缝钢管、螺旋焊管、镀锌钢管	直径	≤ 1mm
10	木托	木托	直径、宽度、厚度	≤ 1mm

预制加工采用全自动生产线，具备毫米级精度控制技术，相关设备见图8-2-4。对于形状复杂的预制模块，自动生产线无法精确控制时，采用人工尺量的方式进行精度把控。

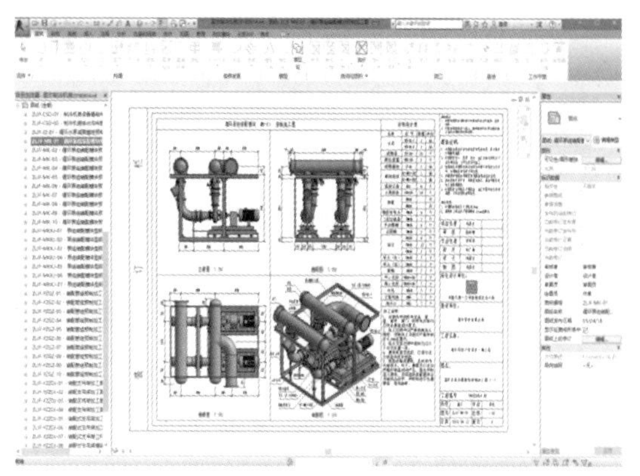

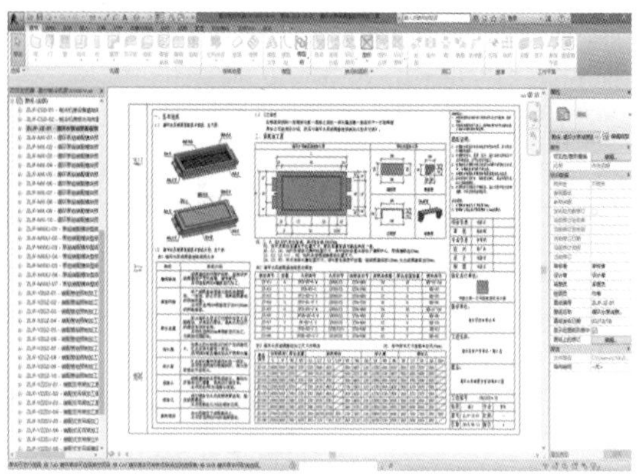

图 8-2-3　模型直接生成图纸

图 8-2-4　自动生产设备毫米级精度控制

装配过程中采用3D激光扫描技术和360°放样技术进行装配精度的控制，3D激光扫描和自动放样见图8-2-5。

图 8-2-5　3D 激光扫描和自动放样

递推式施工消差技术：在装配阶段，利用补偿段+控制段的递推式施工消差方法，将循环泵组装配模块作为控制段，与其对接的机电管线装配模块按规划好的线路进行递推式装配，在机房外侧或两个装配线路之间设置补偿段，采用现场预制的方式进行补偿段误差消除，补偿段+控制段递推式施工消差技术见图8-2-6。

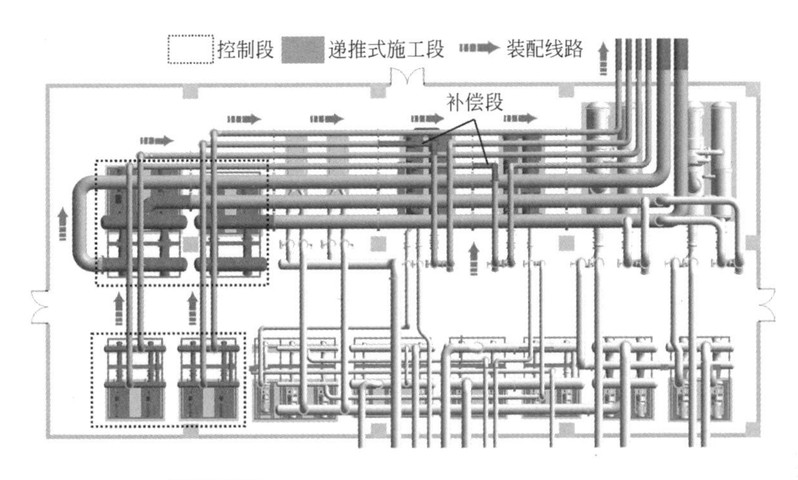

图8-2-6　补偿段 + 控制段递推式施工消差技术

补偿段，即采用工厂预制与现场预制相结合的方式，对于装配关键线路的关键节点设置补偿段，采用现场实测实量、现场预制的方式进行误差消除。

控制段，即装配线路上的关键控制点，一般首先装配就位，在同一装配线路上与其连接的其他装配模块顺序装配。

递推式施工，即控制段首先装配就位，在同一装配线路上与其连接的其他装配模块顺序装配，将各个接口可能出现的误差累加至最后的补偿段，通过补偿段现场预制的方式消除误差。

补偿段和控制段的设置原则，见表8-2-5。

补偿段和控制段的设置原则　　**表8-2-5**

序号	分类	设置原则
1	补偿段	补偿段数量直接决定一次装配率，影响装配施工的进度和连贯性；应尽量减少补偿段数量，压缩补偿段尺寸
		补偿段应尽量设置在多个装配模块的相互连接处。尽量通过一个补偿段的设置消除多条装配线路上的误差。一般设置在弯头或三通处，如设备的进、出口弯管处等
		补偿段应设置在方便施工的位置，避免设置在设备或下层管道上方
2	控制段	控制段尽量覆盖多条装配线路，一般挑选装配线路上接口最多的装配模块作为控制段
		控制段作为装配的起点，应作为其装配线路的第一安装段

【技术创新】通过机电设备及管线预制装配精度控制技术、装配模块递推式施工消差技术，实现在不同实施阶段的精度控制，形成一套机电设备及管线模块化装配式施工综合误差补偿体系，解决机电设备及管线装配式施工误差点多、误差不易消除的难题。

【应用效果】采用集成化的机电设备及管线模块化技术，可有效减少误差点的控制量，减少装配模块误差点85%以上，极大提高预制加工的准确性，间接提高装配一次成优率。

8.2.3 装配模块就位安装

【技术特点与难点】单体最大装配模块的尺寸可达长 × 宽 × 高为4m × 3.3m × 4m，最大重量约10t，吊装平移难度非常大。装配模块形状不规则、形态各异，无法按传统“支吊架先装、管道后装”的施工方式装配。机电管线预制装配量大，传统机电安装采用分系统、分次安装，装配效率低、人力资源占用率高、高空作业多、安全隐患大、工期进度慢。

【技术方案】

栈桥式轨道移动技术：预制模块体积和重量较大，针对施工现场模块水平运输、就位困难的问题，可利用栈桥式轨道移动方法，在设备基础间通过型钢搭建栈桥轨道，利用搬运坦克和牵引卷扬机等设备，使模块在轨道上按照设定路线行驶，栈桥式轨道移动见图8-2-7。

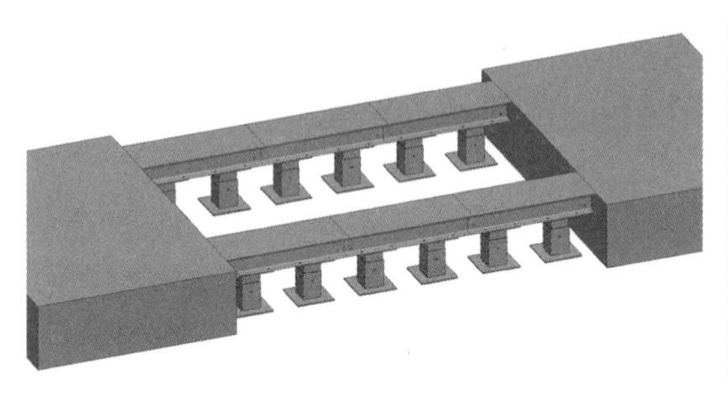

图8-2-7 栈桥式轨道移动（一）

在设备运输前，应提前根据设备的布置方向设置运输起点的设备朝向，保持与最终就位方向一致，避免在设备的运输过程中发生转向。设备运输时，利用搬运坦克和牵引卷扬机使设备在设定的运输路线上沿布置的可拆卸周转式设备运输轨道移动。在运输过程中，卷扬机的牵引速度应缓慢，保证设备的平稳运输，栈桥式轨道移动见图8-2-8。

图8-2-8　栈桥式轨道移动（二）

预制管排整体提升技术：传统施工方法中管道提升安装必须经过单根多次的提升操作，施工效率较低，同时安全隐患较大，为提高机电管道的提升安装效率，减少施工过程中的安全隐患，可应用预制管排整体提升方法，预先在地面上将多段预制管道进行拼装形成提升整体，整体提升就位后通过装配式施工的方式进行安装即可，预制管排整体提升见图8-2-9。

图8-2-9　预制管排整体提升

根据预制管排的综合位置，在地面上联合支吊架进行整体拼装。拼装时，组合式吊架主体的位置严格按照生根件的位置进行地面摆放，防止提升后无法实现组合式支吊架的对接。多段预制管道在拼装时，应利用辅助手段保证各预制管道的水平度和垂直度。在地面拼装完成后，应进行预制管排的拼装复核，主要包括：预制管排的整体稳固性是否满足整体提升要求、预制管排的相对位置是否在提升点的正下方、各预制构件间是否已连接紧固等，预制管排地面拼装见图8-2-10。

图 8-2-10　预制管排地面拼装

组合式支吊架技术：针对预制管道形状不规则，无法按传统工序进行管道安装的问题，自主研发组合式支吊架，实现“管道先就位，支吊架再装配”的逆工序安装。如图8-2-11所示。

图 8-2-11　组合式支吊架

根据预制管道形状不规则且吊架安装位置精度要求高的特点，将传统的吊架分为两部分，一部分为吊架生根件，另一部分为吊架主体，如图8-2-12所示。

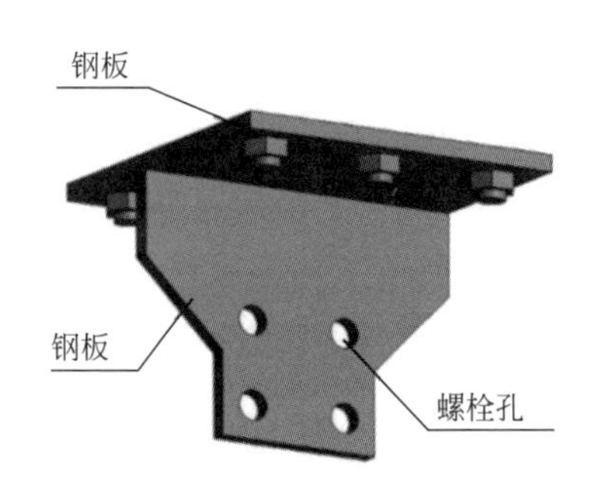

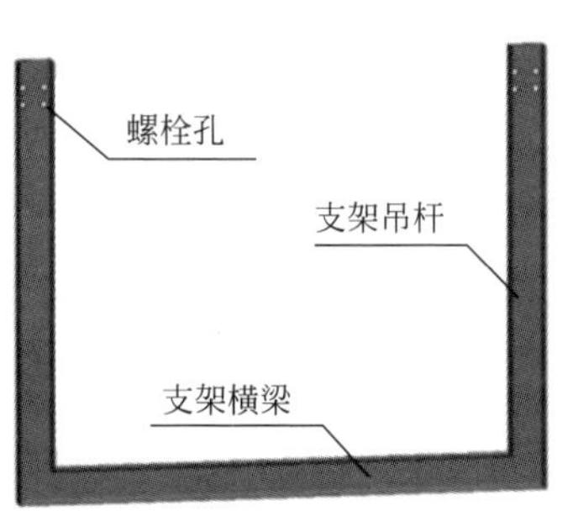

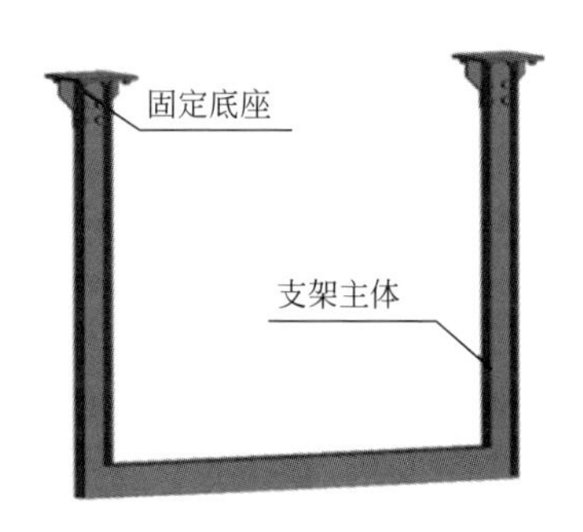

图 8-2-12　一种组合式支吊架示意图

装配时预先根据点位进行生根件的安装，待预制管道提升到位后再完成吊架主体的拼接。同时，利用模块主体构架作为连接支撑，将支架横梁通过螺栓与其固定，形成组合式支吊架，如图8-2-13所示。

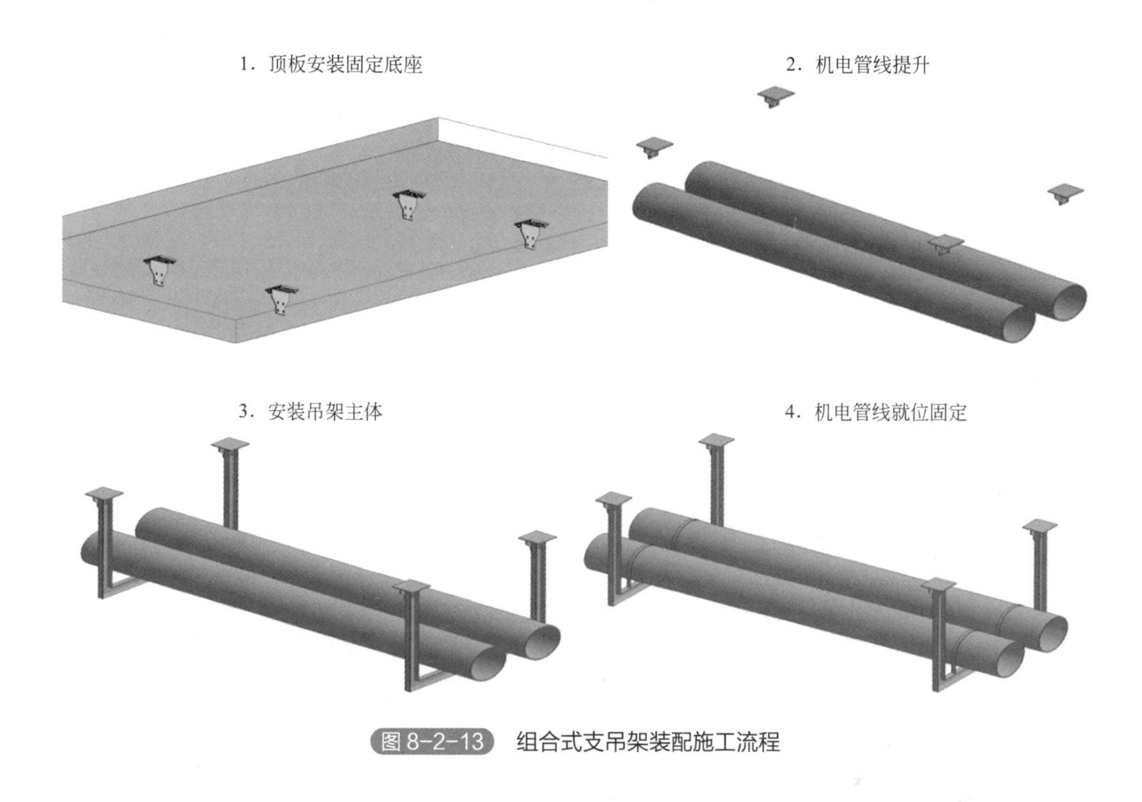

图8-2-13　组合式支吊架装配施工流程

【技术创新】利用栈桥式轨道移动，实现大型设备及装配模块的平稳快速水平移动就位，解决大型预制装配模块水平运输效率低的问题。研发组合式支吊架，解决预制管道形状不规则而导致的必须预制管道先就位再进行支吊架安装的问题，实现“管道先就位，支吊架再装配”的逆工序安装。针对预制管排的整体吊装，利用预制管排整体提升技术，有效解决了传统施工方法中管排提升安装必须经过单根多次的提升操作造成施工效率低的问题，实现预制管排的快速提升安装。

【应用效果】与现有技术相比，可拆卸周转式轨道移动技术的具有可拆卸、可周转、节省材料的优点，材料周转使用率达100%，较传统水平移动方式相比，施工效率提高60%。组合式支吊架技术的应用，有效解决了预制管道形状不规则而导致的必须预制管道先就位再进行支吊架安装的问题。预制管排整体提升技术的应用，可实现装配速度提升90%，高空作业减少95%，焊接作业减少100%，对装配效率、工人施工安全系数的提升，以及绿色施工、声光气污染的降低具有明显裨益。

8.3 机电安装智能建造机器人应用

8.3.1 便携式管道焊接机器人

【技术特点与难点】焊枪摆动幅度、摆动速度、焊丝输送速度等参数的调试，为本技术应用前需关注的一大重点。保证管道焊缝组对时焊缝间隙均匀，为焊接前需重点关注的控制点。

【技术适用范围】便携式管道焊接机器人，适用于DN80及以上焊管焊接作业。常规房建项目管道焊接、污水处理厂等市政类大管道焊接、管排间隙20cm以上成排管道焊接等尤其适用。

【技术方案】

为避免移动焊接小车从管道上脱落，保证焊接作业过程中的安全性，将移动小车底部滚轮设置为永磁轮，使移动小车牢牢吸附在钢管上，避免断电掉落的危险，保证焊接过程的安全性。如图8-3-1和图8-3-2所示。

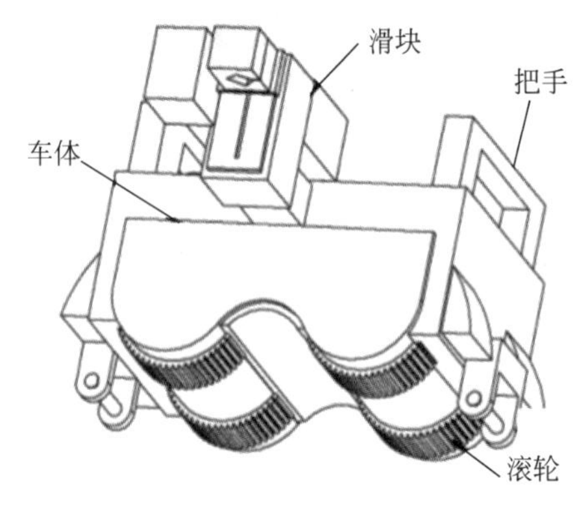

图8-3-1 焊接小车构造图

图8-3-2 焊接小车牢固吸附在管道上

便携式管道焊接机器人，将移动焊接小车体积最大程度缩小（移动小车重量控制在10kg以内、尺寸小于20cm），适用于管排间隙大于20cm的管排间管道焊接，满足绝大部分管道施工现场使用，如图8-3-3所示。

在焊接控制装置和焊机上分别加设接收器，焊接控制为无线遥控装置，避免了焊接线路困扰，焊接作业更加方便，更适用于施工现场。如图8-3-4所示。

将焊丝输送速度、焊枪作业摆动幅度、焊枪离焊缝距离、焊接作业的电流和电压等关键数据控制集成于无线遥控装置内。移动小车随焊缝移动，集成遥控装置根据移动小车所在焊缝位置，可自动调整焊接作业的电流和电压等关键数据，

图 8-3-3 成排管道间应用

图 8-3-4 无线遥控焊接操作

并实时反馈在无线遥控装置控制屏幕上，从而实现自动焊接，同一规格管道焊接过程中无需因焊接位置改变而多次调节电流、电压。如图8–3–5和图8–3–6所示。

图 8-3-5 焊枪

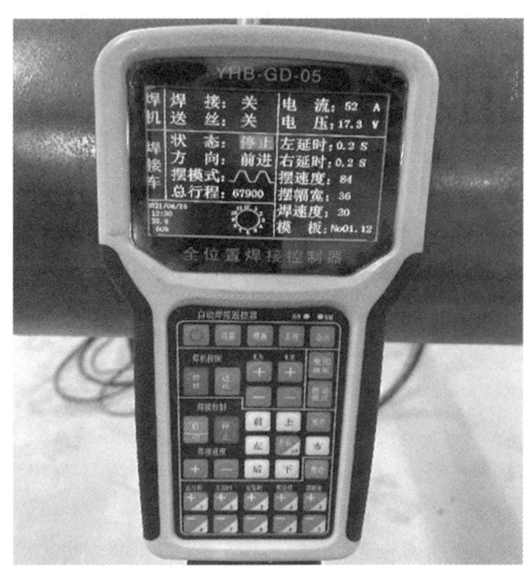

图 8-3-6 集成控制

【技术创新】便携式管道焊接机器人，具有接触寻位、自动寻找焊缝起点的功能，实现了自动化的运动控制、焊缝跟踪，交互式的参数调整等功能，支持狭小空间管道自动焊接作业，提高了管道焊接作业效率及质量。

【应用效果】便携式管道焊接机器人，减少了人工焊接质量隐患，提高了焊接作业效率和焊缝质量，提高了焊缝观感，保证了焊接效果，具有极大的推广应用价值。

8.3.2 防水套管焊接机器人

【技术特点与难点】该成套设备可实现刚性防水套管制作所用的所有部件的自动化加工制作。

【适用范围】该装备主要包括等离子切割机、焊接机器人及焊接工装，适用于刚性防水套管的自动化制作，包括钢管的切割、止水环的裁切，以及钢管与止水环之间的双面自动焊接。

【技术方案】关键技术在于焊接机器人及工装平台的协同作业。注意每次摆放钢管及止水环要在同一坐标位置，保证重复焊接的准确性。如图8-3-7所示。

图8-3-7 焊接机器人及工装

【技术创新】防水套管焊接机器人的应用，实现了防水套管的高质量批量快速制作，有效提升了防水套管制作效率和质量。

【应用效果】采用等离子切割进行钢管的切割比砂轮锯切割工效可提高2倍，钢管与止水环之间的双面焊接比人工焊接工效可提高2倍；焊接质量比人工焊接更稳定，无熔瘤及夹渣；制作成本可降低20%。

8.3.3　橡塑保温板下料机器人

【技术特点与难点】针对不同宽度、长度的板材，在小程序上进行事先排板，最大限度地实现对原材料的利用，减少浪费。

【适用范围】橡塑保温板下料机器人建造技术，适用于厚度5cm及以下的橡塑保温板下料切割，可用于各种异形构件处保温棉切割，如变径、三通、弯头等特殊构件部位的保温棉切割。

【技术方案】

设置有摩擦力较大的平面行进轨道，将橡塑保温棉板平整放置在平面行进轨道上，通过轨道的前进，带动保温棉板平整前进。如图8-3-8所示。

通过机器人控制面板里设置的切割程序进行切割控制。在小程序上，可任意编辑所需切割的形状、尺寸、数量，传送到机器人面板端，可实现在面板端单人进行保温板材的精确、批量切割。如图8-3-9 ~图8-3-13所示。

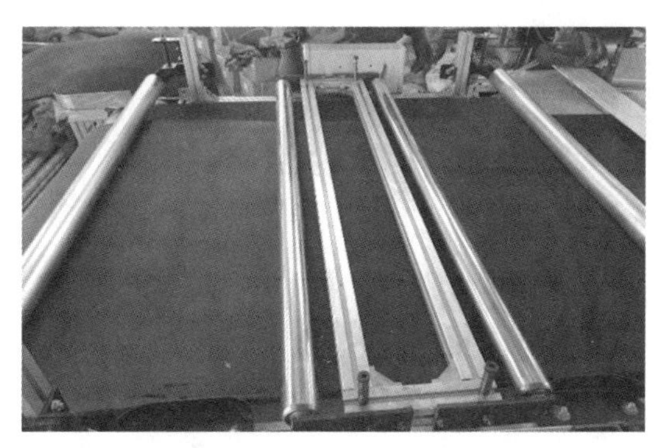

图8-3-8　保温棉板平整前进

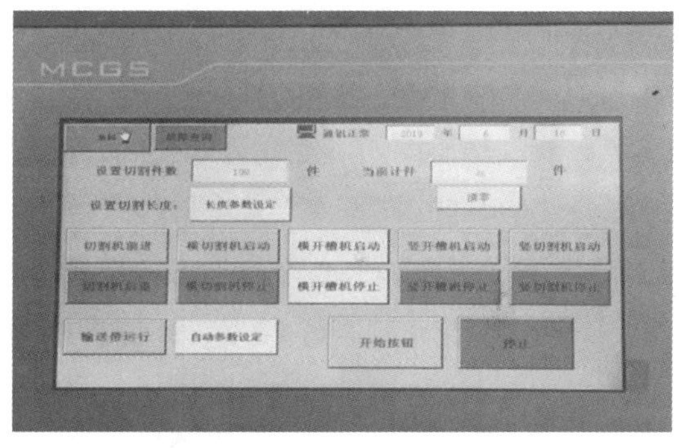

图8-3-9　集成控制面板

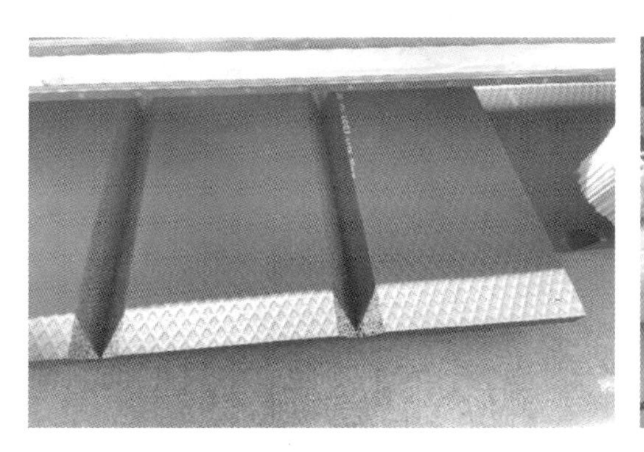

图8-3-10　V形槽切割

图8-3-11　特殊构配件切割

【技术创新】橡塑保温板下料机器人，具有自动计算、自动切割、碎料回收等功能，可进行参数化设置，控制切割速度、角度、形状等，实现了橡塑保温板的数字化自动加工，提高了下料工效及加工精度。

【应用效果】采用下料机器人，每小时高质量切割面积达180m^2，人工每小时切割面积约60m^2，提高了橡塑保温板切割的效率达3倍，一定程度上解决了劳动力短缺的问题；提高了风管及管道的橡塑保温质量，减少保温质量隐患，便于一次成优。施工现场的风管保温板下料工艺，均可使用此种橡塑保温板下料机器人。

图 8-3-12　机器人外观

图 8-3-13　保温观感效果

8.3.4　混凝土楼板钻眼机器人

【技术特点与难点】行进路线的平整及顺直问题、通过调整激光装置，实现与所需钻眼位置重合，为本机器人应用过程中一大难点。通过对限位装置起始段位置的设置，从而控制钻孔深度，为应用过程中另一需关注的难点。

【适用范围】混凝土楼板钻眼机器人建造技术，适用于层高在6.5m以下的混凝土楼板钻眼作业。

【技术方案】将便捷移动小车及机械升降装置集成一体，如图8-3-14所示，可在施工现场灵活进行横向移动与纵向作业，单人即可操作；减少了人工消耗，更利于现场交叉作业施工。

机械升降装置目前升降高度最高可达6.5m，满足层高6.5m以内的混凝土楼板钻眼工作，如图8-3-15所示，避免了人工搭设操作平台高空作业，提高了作业的安全性，可使用范围广。

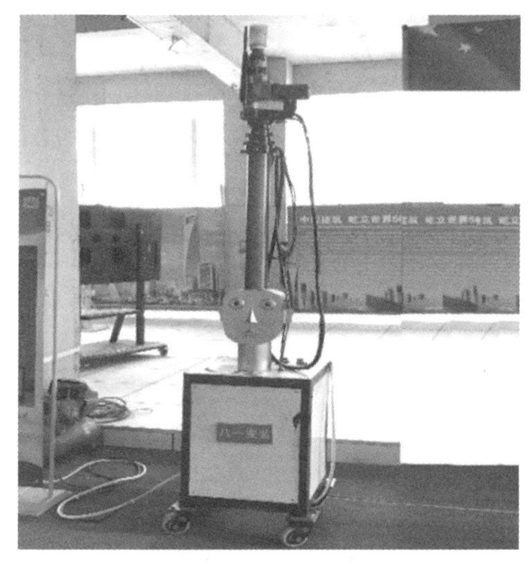

图8-3-14　移动小车

图8-3-15　机械升降装置

通过可控制钻孔深度的限位装置，附着于钻头一侧，通过设置限位装置的起始位置与结束位置（即钻孔的深度），实现当升降装置到达作业面高度，触动到限位装置以后，开始自动钻眼，钻至设定深度后，升降装置自动返回。

针对钻眼过程操作人员易受粉尘污染的问题，可在钻头顶端加设可伸缩的集尘装置，如图8-3-16所示，实现在钻眼过程中粉尘的及时收集、集中处理，避免粉尘外泄，从而提高操作人员职业健康水平及现场绿色施工水平。

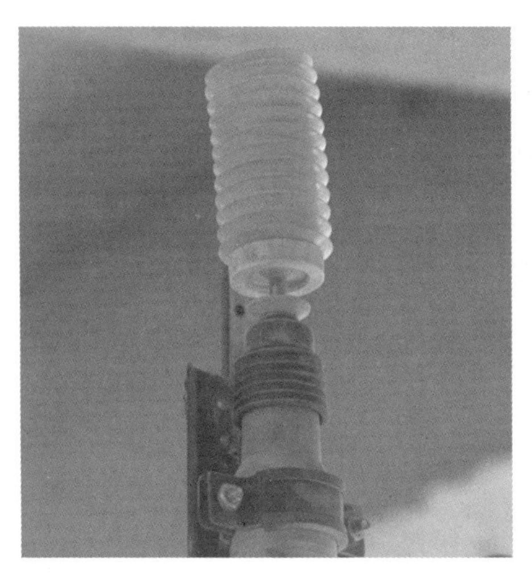

图8-3-16 可伸缩的集尘装置

【技术创新】智能化的混凝土楼板钻眼机器人，实现了远程遥控、自动升降、自动钻眼限位、粉尘及时收集等功能，提高了混凝土楼板钻眼作业效率，减少了高空作业安全隐患，同步提升了支吊架施工的作业效率。

【应用效果】混凝土楼板钻眼机器人建造技术，提高了楼板钻眼作业效率，传统人工作业，每小时钻眼约30个，采用楼板钻眼机器人，每小时钻眼达100个，提高钻眼效率达3倍，同步提升了施工现场穿插作业的施工效率。避免了粉尘污染，同步提升了施工现场绿色施工水平及操作人员职业身心健康。

8.3.5 安装管道自动拧紧机具

【技术特点与难点】以拧动扭矩标准值数据为支撑，标准化作业，一机一人即可完成消防管与连接件的拧紧作业（图8-13-17和图8-3-18）。

图8-3-17 安装管道自动拧紧机具

【适用范围】适用于DN25、DN32、DN40、DN50、DN65消防管与连接件（弯头、三通、四通）自动拧紧作业。

【技术方案】关键技术在于设置好拧动扭矩值，可实现消防管与连接件批量化拧紧作业。

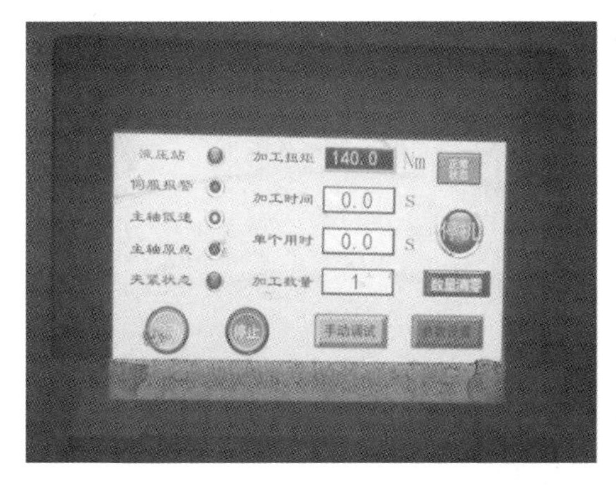

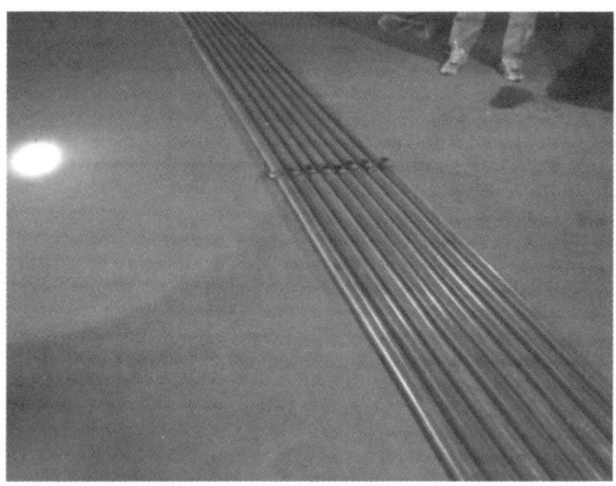

图8-3-18　设置面板及拧紧效果

【技术创新】安装管道自动拧紧机具，实现了管道与管件的批量化拧紧，标准统一，提升了拧紧效率和质量。

【应用效果】采用拧紧机具作业相对于传统工作扳手，其工效可提高3倍。